＼ 個人サイトを作ろう！ ／

テンプレートで
すぐできる！すぐに身につく！

HTML
&
CSS

ガタガタ 著

マイナビ

本書のサポートサイト

本書のサンプルファイル、補足情報、訂正情報を掲載してあります。適宜ご参照ください。

https://book.mynavi.jp/supportsite/detail/9784839976002.html

はじめに

　インターネットを通じたコミュニケーションがもはや日常風景となった令和の時代。イラスト、小説などの創作活動においても、PixivやTwitterなど、さまざまなSNSが作品発表や交流の場として活用されています。これらのSNSは、ユーザー登録するだけでだれでも気軽に作品を公開することができる、手軽で便利なツールとして人気を集めています。

　しかし、インターネット上で作品を発表する方法は、SNSだけではありません。SNSが登場するより以前、創作者のインターネット上での作品発表の手段は、もっぱら「自分だけのウェブサイト（個人サイト）を作って公開する」ことでした。そして、個人サイトで作品を発表している人は、全盛期に比べれば目立たなくはなりましたが、今でも数多くいます。

　ウェブサイトを自分で作るなんて大変そう……と思いましたか？　もちろん、用意しなければいけないものはいくつかあるし、勉強しなければいけないことも、それなりにあります。けれど、やろうと思えばお金を一切かけずに作ることができますし、本書に特典としてついているテンプレート（＝あらかじめウェブサイトとしてほぼ完成しているHTML・CSSの一式セット）を利用すれば、それほど難しいことはありません。

　ウェブサイトを自作すれば、知識さえつければサイトのデザインも自分好みに変更できますし、作品展示の方法にもこだわることができます。HTMLの扱いに少し慣れたら、PHPなどのプログラムを使って、メールフォームやいいねボタンを設置することもできます。何より、自分で時間をかけて作ったウェブサイトには、とても愛着が湧くものです。

　この書籍では、サイトを作ったことがない人や、最新のウェブサイト制作をいちから学び直したい人向けに、個人サイト制作には欠かせないHTML・CSSの知識を解説していきます。テンプレートを使い自分で手を動かして学んでいくため、HTML・CSSにはじめて触れる方でも理解しやすく、入門として最適な内容となっています。さあ、あなたも自分だけのウェブサイトを作ってみませんか？

2021年8月
ガタガタ

CONTENTS

Chapter 3

CONTENTS

Chapter 6

APPENDIX

本書の使い方

LEARNING

本書の特典として、ウェブサイトのテンプレートを3種類、サポートサイトからダウンロードすることができます。基本の知識があればすぐにテンプレートを使ってサイト作りをはじめられるようになっていますが、はじめてサイト作りに挑戦する、という方はまず、本書でウェブサイトの基本を身につけてから挑戦してみましょう。

✔ おすすめの使い方

✔ しっかり知識をつけてからサイトを作りたい人

はじめてサイト作りに挑戦する人にもっともオススメなのがこの方法です。
千里の道も一歩から、しっかり知識を身につければテンプレートのカスタマイズはもちろん、自分でイチからサイトを作ることも夢じゃありません。

STEP 1

本書を順番に読んでいく

「Chapter1」から「Chapter4」までは、ウェブサイトのしくみやHTMLとCSSの基本を説明している重要なパートです。基本を理解しておけば、今後のサイト作りもより楽しくなりますよ。

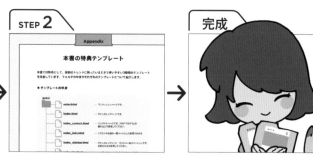

STEP 2

テンプレートの使い方を知る

「本書の特典テンプレート」
「テンプレートで楽しくカスタマイズ！」
を読んでカスタマイズ！

完成

**テンプレートを使って
自分だけのサイトが完成！**

✔ 知識ゼロだけどすぐに自分のサイトを作りたい人

とにかくすぐに自分のサイトを作りたい方も最初が肝心。最低限の知識をつけてから臨
むと、不測の事態が起きたときも安心です。じっくり焦らずにいきましょう。

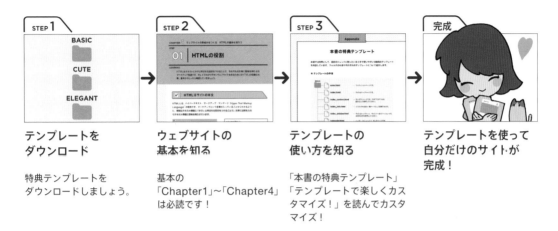

STEP 1 テンプレートを
ダウンロード

特典テンプレートを
ダウンロードしましょう。

STEP 2 ウェブサイトの
基本を知る

基本の
「Chapter1」～「Chapter4」
は必読です！

STEP 3 テンプレートの
使い方を知る

「本書の特典テンプレート」
「テンプレートで楽しくカス
タマイズ！」を読んでカスタ
マイズ！

完成 テンプレートを使って
自分だけのサイトが
完成！

✔ 昔個人サイトを作っていた…久しぶりにサイト作りをしたい人

以前、自分でウェブサイトを作っていたという方であれば、ウェブサイトのしくみや
HTML、CSSの基本的な知識は備わっているはず。そんな方はぜひ、テンプレートを
ダウンロードしたら直接中身を確認してみてください。
この何年かの間にウェブサイトのしくみもいろいろと変化がありました。目次を見てパ
ラパラとめくってみて、気になる知識のアップデートをしながらサイトを作ってみてく
ださい。

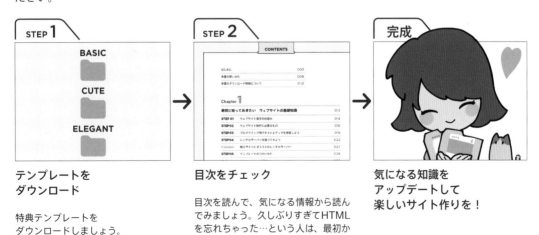

STEP 1 テンプレートを
ダウンロード

特典テンプレートを
ダウンロードしましょう。

STEP 2 目次をチェック

目次を読んで、気になる情報から読ん
でみましょう。久しぶりすぎてHTML
を忘れちゃった…という人は、最初か
ら読んでみるのがオススメ。

完成 気になる知識を
アップデートして
楽しいサイト作りを！

本書のダウンロード特典について

本書で解説しているサンプルファイル、テンプレートファイルのダウンロード方法と使い方について説明します。

本書で解説しているサンプルファイル、特典のテンプレートは以下のサイトからダウンロードできます。

https://book.mynavi.jp/supportsite/detail/9784839976002.html

ダウンロードしたzipファイルをそれぞれ解凍して開くと（テンプレートのzipを解凍するためには、パスワードが必要です）、以下のフォルダが入っています。

● 「template.zip」解凍用パスワード
　4839976007

✔ | 配布ファイルについて

✔ 「sample」フォルダ
主にChapter 3と4でHTMLとCSSの理解を深めるために使用するサンプルファイルです。

✔ 「template」フォルダ
本書の特典のテンプレートが以下3種類入っています。

● 「BASIC」フォルダ
● 「CUTE」フォルダ
● 「ELEGANT」フォルダ

それぞれのテンプレートフォルダ内には、htmlファイルなどが次のページのような階層で格納されています。

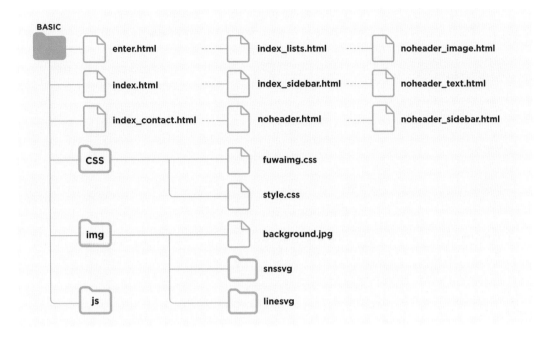

```
BASIC
├── enter.html ········ index_lists.html ······· noheader_image.html
├── index.html ········ index_sidebar.html ····· noheader_text.html
├── index_contact.html ······· noheader.html ·· noheader_sidebar.html
├── CSS
│   ├── fuwaimg.css
│   └── style.css
├── img
│   ├── background.jpg
│   └── snssvg
└── js
    └── linesvg
```

✓ | テンプレートファイルについて

本書のテンプレートのHTMLやCSSをテキストエディタで開くと、カスタマイズ
しやすいようコメントが入っています。

コード

```
01  <div class="container">
02  <!-- トップ画像を使わない場合はsectionごと削除してください。ここから↓↓ -->
03  <section id="main-visual">
04
05      <!-- スマホから見た場合のトップ画像。横500px、縦1000px以上推奨 -->
06      <img src="img/sample.jpg" alt="" class="only-phone">
07
08      <!-- スマホ以外から見た場合のトップ画像。横1000px、縦400px以上推奨 -->
09      <img src="img/sample.jpg" alt="" class="except-phone">
10
11  </section>
12  <!-- トップ画像を使わない場合はsectionごと削除してください。ここまで↑↑ -->
```

また、本書の中で使用するファイルは以下のように指定しています。指定のファイルを
テキストエディタで開いて学習を進めるとより、理解を深めることができます。

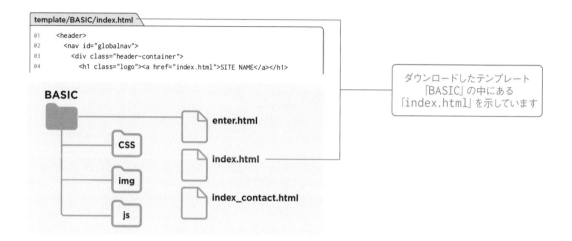

```
template/BASIC/index.html
01    <header>
02      <nav id="globalnav">
03        <div class="header-container">
04          <h1 class="logo"><a href="index.html">SITE NAME</a></h1>
```

ダウンロードしたテンプレート
「BASIC」の中にある
「index.html」を示しています

✔ テンプレートの使用方法について

- 使い方の詳細は、本書内の解説を参照してください。
- 本紙紙面上では完成イメージとしてイラストを掲載した状態での紹介を行っております
  が、ダウンロードいただけるテンプレートにはイラストは含まれておりません。
  ご自身で描かれたイラスト、写真、小説を掲載してお楽しみください。
- 本書の特典のテンプレートデータは、本書の購入者に限り、どのようなサイトでも
  お使いいただけます。基本的には趣味で創作・同人の作品を発表したい方向けに作
  成しておりますが、利用に制限はありません。
  仕様に際しての使用許諾申請など、利用にあたる義務・条件もありません。

  ただし、本書のテンプレートデータに関する著作権は、すべて著者に帰属しています。
  したがって、テンプレートデータの譲渡・配布・販売に該当する行為や著作権を侵害
  する行為については禁止されています。
  一般的なウェブサイト公開以外の目的でサーバーにアップロードして配布する行為、
  テンプレートデータとして販売する行為についても禁止されています。また、加工を
  施した状態であっても、無断販売、および二次配布をかたく禁じます。

- 本書に記載されている内容やテンプレートデータの運用によって、いかなる損害が
  生じても、株式会社マイナビ出版および著者は一切の責任を負いません。
- テンプレートデータの編集、カスタマイズについてのご相談にはお答えすることが
  できません。

最初に知っておきたい
ウェブサイトの基礎知識

ウェブサイトを作る前に、まずはウェブサイトが
表示される仕組みやHTML、CSSの役割、制作の
流れなど、基本をしっかりおさえておきましょう。
ウェブサイト作成のための必要なアイテムも、ここ
で一緒にそろえていきます。

STEP

01 ｜ ウェブサイト表示の仕組み

LEARNING

ウェブサイトを制作するためには、サイトがどのように作られてブラウザで表示されているかを知る必要があります。とはいえ、難しいことや専門用語は覚えなくても大丈夫。最低限のことだけ、ここで覚えていきましょう。

✓ ｜ ブラウザの役割

ウェブサイトを閲覧するとき、私たちはGoogle Chrome、SafariやMicrosoft Edgeなどのブラウザソフトを使っています。では、ブラウザはいったいどこから、何の情報を読み込んでウェブサイトを表示しているのでしょうか。

答えは、簡単にいうと「ウェブサーバー上に公開されているファイル」です。ウェブサーバーとは、インターネット上に情報を公開しているコンピュータのことです。

ブラウザソフトに閲覧したいページのアドレスを打ち込むと、そのアドレスが割り当てられたウェブサーバー（コンピュータ）にアクセスし、公開されているファイルを受け取ります。

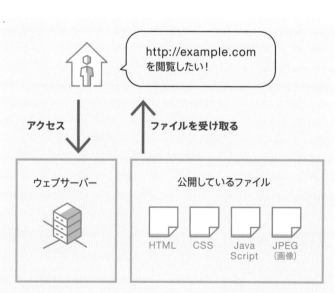

図1-1-01
ウェブサーバーへの
アクセス

ウェブサイトはHTML、CSS、Java
Scriptなどのファイルから成り立ってい
ます。これらはすべてテキストファイルで、
英数記号からなる複雑なコードで書かれて
います。そこでブラウザは、ウェブサー
バーから受け取ったファイルを読み込むと、
ユーザーがスムーズに理解できるように解
読して表示してくれるのです。これが普段
私たちが見ているウェブサイトです。
これらのファイルがそれぞれどのような役
割を果たしているかについては、
Chapter1のSTEP05「テンプレートの
使い方」（P.029）にて説明します。

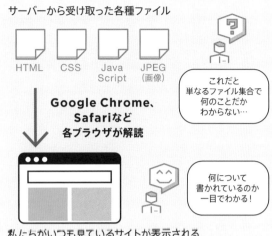

図1-1-02　ブラウザの役割

✓ | 実際にHTMLファイルを見てみよう

試しに、あなたのお気に入りのウェブサイトにパソコンからアクセスしてみてください。
サイト上の余白の上でマウスを右クリックすると、「ページのソースを表示する」とい
う項目が選べます。ソースを表示してみると、半角英数字の羅列が出てきます。これが
HTMLです。
HTMLは比較的やさしい言語ですが、自分でゼロから書いてサイトを作ろうとすると、
かなりの量の勉強が必要です。そこでおすすめなのが、テンプレートを利用すること。
すでに完成しているHTMLファイルがあるから、HTMLの仕組みを簡単に理解できる
だけでなく、テンプレートを編集することでオリジナルのサイトを作ることもできるの
です。本書ではすぐに使える特典テンプレートを3種類用意しています。どれでも好き
なテンプレートを選んで、学習に役立てていきましょう！

図1-1-03
テンプレートで正解を確認しながら進められるから理解しやすい！

STEP

ウェブサイト制作に必要なもの

LEARNING

ウェブサイトの表示の仕組みがわかったところで、次はサイトを制作するために必要なものを確認しましょう。といっても、端末やソフトをお金を出して買ったりすることはありません。一般的なパソコンとインターネット環境があれば、必要なものはすべて手に入れることができます。

✔ パソコンとインターネット環境があればOK！

結論から言えば、インターネットに接続できるパソコンさえあれば、ウェブサイトは作成できます。何か別の端末やソフトを買い足す必要は一切ありません。OSはWindowsでも、Macintoshでも、それ以外のものでも大丈夫。ですが、インターネットを使って用意しなければいけないものがいくつかあります。

✔ ウェブサイト公開にはサーバーが必須

P.014で説明したように、ウェブサイトを閲覧するとき、訪問者はサーバー上に公開されているデータにアクセスしています。逆に言えば、自分のサイトを作ってインターネット上に公開したいのなら、サイトのデータを公開するためのサーバーが必要になるということです。

サーバーを用意するなんて、個人でやるのはとても大変そうですよね？　そこで登場するのがレンタルサーバー。名前のとおり、企業が用意してくれたサーバーをレンタルすることができるサービスです。

レンタルサーバーサービスは、さまざまな企業が提供しています。無料で使えるものもあれば、月ごとに使用料金を支払って利用するものも。レンタルサービスや利用料金によってサーバーのスペックや受けられるサービス内容は変わるのですが、初めて個人サイトを運営するなら、無料のレンタルサーバーでも十分です。サーバーについての詳細は、Chapter1のSTEP04「レンタルサーバーを借りてみよう」（P.022）で解説します。

✔ 快適なサイト制作のために、テキストエディタも用意して

ウェブサイトを作っているHTML、CSSなどのファイルは、すべてテキストファイル
です。そのため、サイトを制作するためには、これらのテキストファイルを自分で編集
する必要があります。

HTMLなどのファイルは、各OSに標準搭載されているテキストエディタでも編集す
ることができます。しかし標準のテキストエディタは、あくまでメモ用。HTMLや
CSSなどの編集には不向きです。場合によっては、文字化けなどの問題が生じてファ
イルが編集できなくなることも……。

ヒント ！

文字化けなどの予期せぬトラブ
ルを防止し、快適なサイト作成
を楽しむためにも、ファイルの
編集にはプログラミング用テキ
ストエディタを利用しましょう。

テキストファイルって何？
テキストファイルとは中身が文字だけで構成されているファイルのことで
す。通常、拡張子は「.txt」となりますが、ウェブサイトを作成するため
のテキストファイルは拡張子が「.html」（CSSは「.css」）となります。
Windowsであれば「メモ帳」がテキストエディタとして付属しています。
テキストエディタについては、Chapter1のSTEP03「プログラミング
用テキストエディタを用意しよう」（P.019）で詳しく説明しています。

✔ ブラウザは基本的になんでもOK！ だけど……

インターネットを閲覧するためのブラウザは、基本的になんでもOKです。Google
Chrome、Firefox、Safari……いろいろなブラウザがありますが、使い慣れたもの
をお使いください。しかし、もし現在Internet Explorer（以下IE）をお使いの方が
いたら、別のブラウザへの乗り換えを考えましょう。

実はIEは、最新のHTML/CSSの一部に対応していません。つまり、最新のウェブサ
イトをIEで閲覧した場合、本来のデザインのとおりに閲覧することができない場合が
あるということです。IEのMicrosoftによる開発はすでに終了しているため、今後も
IEで正常に表示できないウェブサイトはどんどん増えていくでしょう。この書籍の購
入特典テンプレートも、IEへの対応は行っていないので、IEで表示するとデザイン崩
れなどの不具合が生じるかもしれません。

IEの開発メーカーであるMicrosoftも、Windows11ではIEが無効になること、また、
IEのサポートも2022年6月には終了すると発表しています。今もIEをご利用中の方は、
他のブラウザへの早めの乗り換えをぜひご検討ください。

画像を使うと華やかさと個性が演出できる

本書の作例は画像を使用した状態のサイトを掲載していますが、テンプレートには画像を同梱していません。必ずしも画像を使用する必要はありませんが、華やかなサイトにしたい方には、お気に入りの画像や、自作のイラストなどをサイトに利用することをオススメします。

図1-2-01
画像があるとサイトが一気にはなやかに！

使用する画像は自分で撮った写真やイラストはもちろん、フリー素材サイトでお気に入りのものを見つけるのもよいでしょう。今はさまざまな素材サイトがあります。素材の見つけ方やオススメのフリー素材サイトは、Chapter5のSTEP05「フリー素材を活用しよう」（P.201）で紹介しています。

ただし、他者の制作した画像の権利には注意が必要です。フリー素材サイトに掲載されているものを利用する場合も利用規約には必ず目を通し、自分のサイトに利用しても問題がないか確認しましょう。また、SNSで見つけた写真・イラストや、Google画像検索で見つけたものなど、素材として配布されているわけではない画像を勝手に利用するのは、無断転載にあたるためNGです。

STEP

プログラミング用
テキストエディタを用意しよう

LEARNING

HTMLを編集するには、プログラミング用テキストエディタの利用をオススメします。HTMLやCSSなどのコードを書くために開発されているため、さまざまな便利な機能が使えて、OS標準のテキストエディタを使った場合に比べると作業効率が格段に上がります。

✓ プログラミング用テキストエディタを利用するメリット

ここまでで説明したように、ウェブサイトはHTML、CSSなどの複数のファイルから成り立っていて、すべてテキストエディタで編集することができます。OS標準のメモ帳などのテキストエディタでも編集できますが、快適なサイト制作のためにもプログラミング用テキストエディタの導入をオススメします。

✓ コード入力の補助機能が備わっている

HTMLやCSSなどのコードは、たった1文字の入力ミスや、たった1つの閉じタグ忘れがあるだけで、サイトのデザインが大きく崩れてしまったり、ときにはファイル全体が機能しなくなってしまうことがあります。仕事でコーディングをしているプロでもこのようなミスはよくあること。初心者が1つのミスもなくコーディングの作業をするのは、ほとんど不可能といっても過言ではないでしょう。

プログラミング用テキストエディタの多くには、コード入力の補助機能が備わっています。例えば、以下のようなものがあります。

・ 入力中のコードを予測して変換してくれる
・ タグの種類に応じて文字を色分けしてくれる
・ 開始タグやカッコを入力すると、自動で閉じタグやカッコ閉じを入力してくれる
・ 入力された開始タグやカッコにカーソルを合わせると、対応する閉じタグやカッコ閉じをハイライトしてくれる

このような補助機能は、ミスの防止・発見にとても役立ちます。

✅ ライブプレビュー機能でリアルタイムにブラウザ上の表示を確認できる

テキストエディタによっては、ライブプレビュー機能というものが備わっています。これはHTMLなどのコードを編集しながら、リアルタイムでブラウザで見たときの表示をプレビューしてくれるというものです。

特に初心者の場合は、ブラウザ上での表示が崩れていないかをこまめに確認することはとても重要です。しかしファイルを編集するたびに、そのつどブラウザで確認するのはとても手間がかかります。ライブプレビュー機能のあるテキストエディタを使えば、編集しながらブラウザ上での表示を確認できるので、作業効率がグンと上がります。

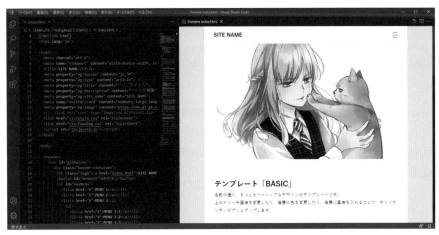

図1-3-01
テキストエディタ「Visual Studio Code」のライブプレビュー機能

✅ 編集ファイルの切り替えがワンクリックで済む

OS標準のテキストエディタの場合は、作業中に他のファイルを開きたくなったときには、エクスプローラーを開いて目的のディレクトリに移動し、開きたいファイルを選んで開く……という、いくつもの動作が必要です。サイト制作作業では、複数のファイルを行ったり来たりして作業することも多いのでこれではとても時間がかかってしまいます。

プログラミング用テキストエディタには、サイドバーで現在作業中のディレクトリの中身を一覧表示してくれる機能がついています。別のファイルを開く必要が生じても、サイドバーの一覧から開きたいファイルをクリックするだけで開けます。

また、ウインドウを縦や横に分割し、複数のファイルを同時に開きながら編集することもできます。

☑ | 初心者向けのテキストエディタを2つ紹介

テキストエディタの重要性について理解していただけたでしょうか？　ここからは初心者にオススメしたいテキストエディタを紹介します。「無料で使える」「機能がシンプルで分かりやすい」「初心者にもとっつきやすい」ことを条件に選びました。好みに合いそうなエディタがあれば、ぜひ使ってみてください。

☑ 迷ったらこれ！ 「Visual Studio Code」

対応OS：Mac、Windows、Linux
「Visual Studio Code」は、Microsoft社が提供するエディタです。コード入力補完機能などはもちろん、コード内のリンクをテキストエディタ内で開くことができるなど、かゆいところに手が届く高機能さが嬉しいです。テキストエディタに迷ったら、こちらを使ってみてください。

機能は豊富ですが軽量で、動作はサクサクです。拡張機能「HTML Preview」をインストールすることでライブプレビュー機能を搭載することもできます。拡張性が非常に高いため、開発者からも熱い支持を受けているテキストエディタです。

インストールした直後はメニューなどが英語表記ですが、「表示言語を日本語に変更するには言語パックをインストールします」というポップアップが出てくるので、「インストールして再起動」をクリックすると日本語化されます。

https://code.visualstudio.com/

☑ シンプルで軽い。拡張機能は盛りだくさんの 「Atom」

対応OS：Mac、Windows、Linux
「Atom」の特徴はとにかく機能がシンプルであること。ただシンプルなだけではなく、パッケージと呼ばれる拡張機能を導入することで、ほしい機能だけを追加で搭載することができるため、自分好みのテキストエディタにカスタマイズすることができます。どちらかというと、テキストエディタも自分好みにカスタムして、コードをバリバリ編集したい人向けです。

日本語化には「Japanese-menu」、ライブプレビュー機能の利用には「atom-html-preview」というパッケージをインストールする必要があります。

https://atom.io/

STEP 04 | レンタルサーバーを借りてみよう

LEARNING

インターネット上に自分のサイトを公開するためにはサーバーが必要です。サーバーを用意するためには、企業が提供するレンタルサーバーを借りるのが一般的。サーバーの特徴や借りるときにチェックすべきこと、サイトの目的に合ったサーバーの選び方について解説します。

✓ | サーバー選びは土地選び！

いよいよ、ウェブサイトを公開するためのサーバーを用意するステップに入ります。ですが、何も考えず安易にサーバーを選ぶのはご法度です。なぜならサーバーとは、ウェブサイトを開設するための「借家」のようなものだからです。住むためのアパートを借りるのに、広さや立地、利用できる設備などを確認せず適当に借りるなんて、考えられませんよね？

サーバーを借りるときに確認しなければいけないことは、実はいろいろあるんです。ちょっと面倒に思われるかもしれませんが、サーバーをよく確認しなかったせいで、サイトでやりたいことが実現できなかった……なんてことになったら、そのほうが残念ですよね。

理想のウェブサイトを実現できるサーバーを選ぶために、まずは次の3つを確認しましょう。

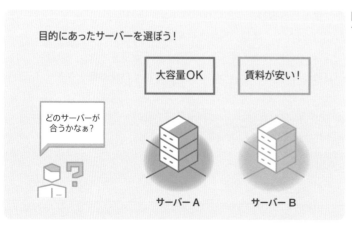

図1-4-01
サーバー選びは土地選び

✔ 成人向けコンテンツを掲載する予定はあるか

突然ドキッとするような質問をしてすみません。でも、これが創作・同人サイトを作るためにはとっても大切なことなんです……。

創作・同人サイトを運営したいなら、最低限必要なのは成人向けコンテンツを掲載しても差し支えないかどうかを確認することです。そもそもサイト上で成人向けコンテンツを取り扱う予定が一切ないという場合は必要ありませんが、少しでも掲載する可能性があるなら、必ず確認しておきましょう。

実は、レンタルサーバーによっては成人向けコンテンツの掲載が禁止されている場合があるのです。必ずサーバーの利用規約やQ&Aをよく読んで、成人向けコンテンツ掲載についての情報が掲載されているかを確認してください。

実写の成人向けコンテンツは不可だけど、イラストやテキストならOKという場合もあったりします。規約やQ&Aを読んでもよくわからない場合は、サーバーを提供している会社に直接問い合わせて、可否を明確にしておきましょう。

✔ 展示物の容量はどれくらいか

次に重要なのは展示物の容量です。小説サイトなど、テキスト展示がメインのサイトにおいてはあまり考える必要はありませんが、イラストや写真を展示するサイトの場合は要注意です。

無料のレンタルサーバーでは、一般的に使用できる容量は1GB～4GBほどです。個人が趣味で運営する程度であれば、ほとんどの場合、1GBでも十分に足りることが多いと思います。ただし、サイズの大きいイラストや、高解像度の写真を大量に展示したい場合は、1GBでは少し不安な場合もあるかもしれません。展示したい画像のサイズと枚数から、必要な容量を計算してみましょう。

とはいえ、仮にイラスト1点が500KBだとすると、1GBで2000枚の計算になります。もちろん実際はイラスト以外の画像やHTMLファイルなどもサーバーにアップロードするので、1GBの容量すべてをイラスト展示に割くことはできないのですが、よほどサイズが大きいイラストを大量に展示しない限りは、1GBでも心配ありません。

もし、1枚のイラストサイズが大きすぎて容量が足りるかどうか不安な場合は、イラストの解像度を800px平方程度まで下げてみたり、JPG形式で保存するなどして、イラストの軽量化をしてみましょう。

図1-4-02　サイトにたくさんのイラストを掲載したい場合は、使用できる容量にも気を付けて

✔️ 特に理由がなければPHPが使えるサーバーを選んで

PHPはプログラミング言語の1つです。ウェブサイト上で動くプログラムの多くがPHPで作られています。例えばメールフォーム、アクセスカウンター、いいねボタンやWEB拍手、チャットや掲示板などです。何か情報を送信してサーバーに保存させたり、どこかにメールを送るようなもののほとんどはPHPで作られています。

重要なのは、PHPで作られたプログラムは、PHPの利用できるサーバーでなければ設置することができないということです。HTMLやCSS、JavaScriptはブラウザ上で動作するのですが、それに対してPHPはサーバー上で動くプログラムだからです。サーバーがPHPに対応していなければ、PHPプログラムは動作しません。

昔は無料のレンタルサーバーではPHPが使えない場合がほとんどでしたが、今は無料でもPHPの利用できるレンタルサーバーが多く提供されています。はじめは必要ないやと思っていても、サイトを運営しているうちに、やっぱりあのプログラムを設置してみたい、と思い直すことがあるかもしれません。特に理由がないなら、PHPの使えるサーバーを借りることをオススメします。

もし、すでにサイトに設置したいプログラムが決まっているなら、そのプログラムが動作するサーバーの要件を必ず確認しましょう。

✔ | 無料サーバーと有料サーバーの違い

さて、先ほど確認した3点さえ明確になれば、どんなサーバーを借りるべきかはかなり絞られてきます。さらに絞り込んでいきましょう。

レンタルサーバーには無料のものと有料のものがありますが、当然ながら料金の有無によってサービス内容にかなりの違いがあります。安ければ安いほどサービスはシンプルですし、値段が高くなればその分手厚いサービスを受けられるようになります。まずは無料サーバーと有料サーバーの一般的な違いを見ていきましょう。

表1-4-01　無料サーバーと有料サーバーの一般的な違い

	無料サーバー	有料サーバー
費用	一切なし	初期費用＋月額利用料
広告表示	サービスによる	なし
容量	1〜4GBほど	10GB〜
通信速度	遅い	速い
PHP他プログラム	サービスによる	利用可能
成人向けコンテンツ	ほとんど不可	可のサーバーが多い

✔ とにかくお手軽にサイトを運営するなら、無料サーバー

無料サーバーはその名の通り、借りるのにも、使い続けるのにも費用は一切かかりません。初めてのサイト運営に挑戦してみたいという方には、無料サーバーがオススメです。ただし、無料サーバーでは利用できるディスク容量が少なく、通信速度も有料サーバーに比べると遅めです。サービスによってはサイトに広告が挿入されるため、サイトのデザインを損ねることがあります。利用規約も、成人向けコンテンツを禁止しているサーバーが多いです。

趣味で運営するにあたってはあまり心配する必要はありませんが、サイトへのアクセスが集中するとサーバーがダウンしてしまったり、一時的なアクセス制限が課されたりする可能性もあります。

✔ 安定・充実したサービスを受けたいなら、有料サーバー

有料サーバーは、初期費用に加えて月額のサーバー利用料を支払う必要があります。アップロードできる容量はかなり大きく、ほとんどのサービスで10GB以上が利用可能です。通信も高速で、当然ながらサイトに広告が挿入されることもありません。PHPや、その他のプログラムも有料サーバーであれば多数利用することができます。その他にも、サービスによってさまざまな独自のサービスを受けることができます。例えば、ロリポップ！レンタルサーバーなら、取得できるドメインが100種類以上あって好きなものを選べるのが特徴です。「oops.jp」や「chu.jp」、「catfood.jp」「namaste.jp」など個性的で可愛いドメインがたくさん用意されています。
さくらのレンタルサーバーでは、追加料金なしでサイト上でモリサワフォントを利用することができます。

一番気になるのは価格ですよね。同じ会社のサーバーでもプランによって変わるのですが、安いものでは月額100円代でサーバーが利用できます。これくらいなら趣味サイトでも手が届きやすいのではないでしょうか。。
有料サーバーにはだいたい10日〜20日ほどの無料お試し期間が設けられているので、気になる方はまず無料で試してみるのもよいでしょう。

もっと知りたい！

個人サイトにオススメのレンタルサーバー

レンタルサーバーとひとくちでいっても、さまざまな企業がさまざまなレンタルサーバーを提供しています。趣味用から企業向けまでいろんな用途のサーバーがあるので、自分で探すのは大変です。そこで、個人サイトに最適なレンタルサーバーをまとめました。同じレンタルサーバーでも、プランによってできることが違います。よく吟味して、自分に合ったサーバーを見つけてください！

✔ 手軽にはじめるのに嬉しい無料サーバー

◉ 容量が欲しいならスターサーバーフリー

スターサーバーフリーでは3つのプランが用意されていますが、どのプランでも無料レンタルサーバーの中では使える容量が大きいのが魅力です。他社サービスではほとんどが1GB、多くてもせいぜい2GB程度なのですが、スターサーバーフリーでは最小でも2GB、フリー容量増加プランではなんと4GBが利用できます。
PHPを使えるプランもあるので、迷ったらスターサーバーフリーのPHP利用可のプランを選ぶのがよいでしょう。

https://www.star.ne.jp/free/

◉ 成人向けコンテンツを扱うならFC2ホームページ

2000年代からインターネット上で創作・同人活動をしていた方なら、FC2ホームページはなじみ深いかもしれません。容量が1GB、PHPは利用不可とサーバー自体のスペックはスターサーバーフリーに適いませんが、FC2ホームページの魅力は成人向けコンテンツの取り扱いを許可していることです。
実は、無料サーバーで成人向けコンテンツの掲載を容認しているところはほとんどありません。FC2ホームページではアダルト専用サーバーを用意していて、レンタルする際に通常のサーバーではなくアダルト専用サーバーを選択すれば、成人向けコンテンツの掲載も可能になります。

http://web.fc2.com/

✔ 機能いろいろ！ 有料サーバー

多少お金をかけてもいいからちょっとこだわりたい、安定したサーバーを使いたいという
方に有料サーバーをご紹介します。価格帯も月額100～500円ほどで手の届きやすい
サービスを集めました。どのサービスにも無料お試し期間があるので、いいなと思ったら
お気軽に試してみてください。ちなみに、有料サーバーですのでPHPが利用できます。

◎ 価格が安くてサイトのURLが可愛いロリポップ！

昔から同人サイトの強い味方だったロリポップ！ですが、最大の魅力は何といっても価格
の安さ。最も安いプランでは月額100円（＋税）で20GBのサーバーが使えます。
さらに趣味サイトに嬉しいのが、利用できるサーバーのドメインの可愛さ。ドメインとは、
サイトのURLになる文字列のことです。例えば「pupu.jp」「hungry.jp」「babymilk.
jp」や「her.jp」など、オシャレで覚えやすいドメインが使えます。他のレンタルサーバー
にはない特徴ですね。

https://lolipop.jp/

◎ 無料バックアップ機能が心強いリトルサーバー

リトルサーバーは2016年に開始された比較的新しいレンタルサーバーです。最低月額
150円（＋税）と安価ながら、容量も20GBとたっぷり。
ロリポップ！と異なる最大の特徴は、すべてのプランで7日分の自動バックアップ機能が追
加料金なしで利用できることです。万が一のことに備えたい方には嬉しいサーバーです。

https://lsv.jp/

◎ 予算が出せて機能が欲しい人にオススメ、さくらのレンタルサーバ

さくらのレンタルサーバは最安のプランが月額131円（税込）で、ロリポップ！やリトル
サーバーと同程度のサービスが受けられます。ですが、さくらのレンタルサーバでオスス
メしたいのは、それより1つ上のスタンダードプランです。
スタンダードプランは月額524円（税込）と少々値が張りますが、万が一の事態に備え
られる自動バックアップ機能が利用できるほか、モリサワの提供する人気のフォントがサ
イト上で使えるなど、嬉しいサービスがいろいろついてきます。もちろん容量も100GB
と大容量で、通信も高速です。
とことんこだわりたい方や、ゆくゆくは大型サイトを運営したいという方ならココがぴっ
たりでしょう。

https://www.sakura.ne.jp/

05 | テンプレートの使い方

LEARNING

いよいよテンプレートファイルを実際に触ってみましょう。テンプレートにはHTML、CSS、JavaScriptなどさまざまなファイルが同梱されています。それぞれのファイルの役割と扱い方、実際に編集するときの注意点を解説します。

✓ | テンプレートを用意しよう

テキストエディタとレンタルサーバーが用意できたら、次はいよいよテンプレートの出番です。以下のURLにアクセスして、「template.zip」をダウンロードしてください。

https://book.mynavi.jp/supportsite/detail/9784839976002

ZIPファイルはこのままでは使用できません。ZIPファイルを右クリックして「すべて展開」を選択してください（解凍時にパスワードが必要となります。パスワードはP.010をご確認ください）。解凍したフォルダの中に「BASIC」というフォルダがあります。このフォルダの中に入っているのが「BASIC」テンプレートを構成するファイルです。

> template > BASIC

名前
- css
- img
- js
- enter.html
- index.html
- index_contact.html
- index_lists.html
- index_sidebar.html
- noheader.html
- noheader_image.html
- noheader_sidebar.html

図1-5-01　フォルダの中身

ファイルを整頓して見やすくするため、CSSファイルは「css」フォルダに、JavaScriptファイルは「js」フォルダに、そして画像は「img」フォルダに収められています。今後、ご自分でファイルを追加する場合にも、できるだけ同様にファイルの種類ごとにフォルダを分けるようにしたほうがよいでしょう。

「index.html」のアイコンがお使いのブラウザのアイコンになっている場合は、そのままダブルクリックしてファイルを開いてみてください。ブラウザのアイコンになっていない場合は、ファイルを右クリックして「プログラムから開く」からお使いのブラウザを選択してください。すると、ブラウザが立ち上がってテンプレートが表示されます。自分でHTMLやCSSファイルを編集した場合も、このようにHTMLファイルをブラウザで立ち上げれば、わざわざサーバーにアップロードしなくても、実際のブラウザでの表示を確認することができます。
テキストエディタのライブプレビュー機能でもブラウザでの表示を確認することはできるのですが、実際のブラウザ表示と異なる場合もあるので、サーバーにアップロードする直前には必ずブラウザで確認しましょう。

✔ | それぞれのファイルの役割

テンプレートにはいろいろな種類のファイルが入っています。どのファイルがどんな役割を果たしているのでしょうか。HTMLとCSS、そしてJavaScriptの違いについて知っておきましょう。

✔ HTMLは本文、CSSは装飾、JavaScriptはプログラム

サイト制作をする上で最低限、編集する必要があるのがHTMLです。特典のテンプレートを使ってサイトを制作する場合は特に、その他のファイルは、基本的に編集しなくても問題ありません。
HTMLは、サイトの本文であると表現すれば分かりやすいでしょう。サイトに表示する文字や画像、リンクなどはすべてHTMLに記述します。ファイルの拡張子は「.html」です。ダウンロードしたテンプレートの中の「enter.html」や「index.html」などがHTMLファイルにあたります。

ではCSSは何をしているのでしょうか。CSSはHTMLに装飾を与える役割を担っています。HTMLだけでは文字のサイズや色、背景の設定などいわゆる装飾的な表現はできません。文字のサイズを変えたり、色をつけたり、ボックスの位置を調整したりするのがCSSです。拡張子は「.css」で、「cssフォルダ」に入っている「style.css」などがCSSファイルにあたります。

JavaScriptはプログラムです。特定の要素をクリックしたときにイベントを起こすなど、サイトに動きを加えるのに一役買っています。拡張子は「.js」で、「jsフォルダ」内の「common.js」などがJavaScriptファイルにあたります。

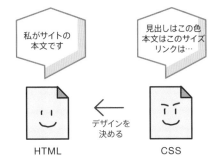

図1-5-02　HTMLとCSSの関係

✔ HTMLとCSSの関係を確かめてみよう

実際にCSSの役割を確かめてみましょう。

ダウンロードしたテンプレートの「index.html」を右クリックして「プログラムから開く」から、用意したプログラミング用テキストエディタをクリックしてください。すると、何やら英数記号の羅列が表示されます。

上から22行目に、

```
<link rel="stylesheet" href="css/style.css">
```

と書かれた行があります。これは、「このHTMLファイルでは、cssフォルダの中にある、style.cssを使います」という意味です。

これを行ごと削除して保存してみてください。大丈夫、[Ctrl] + [Z]（[Command] + [Z]）ですぐに元に戻せます。

変更を保存したら、「index.html」を再びブラウザで開いてみましょう。すると、文章はそのままで、装飾がまったくないサイトが表示されるはずです。CSSがどれだけたくさんHTMLファイルを装飾してくれているかが分かりますよね。

確認できたら [Ctrl] + [Z] で元に戻して上書き保存しておきましょう。

図1-5-03　CSSが反映されていないHTMLはいたってシンプル

先ほど、最低限HTMLを編集すればサイトはできると説明しましたが、より見た目を好みにしたい場合には、CSSの編集が必要になります。例えば、背景の色を変えたり、リンクの色を変えたりしたい場合もHTMLではなくCSSを編集します。本書でもCSSの基本や編集方法について説明するので、もっとテンプレートをカスタムしたい方は、ぜひ参考にして、挑戦してみてください。

✓ | テンプレートはバックアップを取っておこう

編集を進めているうちに、もしかしたら何か重要な記述を誤って消したり、変更を加えてしまって、元にもどせなくなってしまうことがあるかもしれません。そういったトラブルにも対応できるように、テンプレートはいつでもバックアップを取っておくようにしましょう。

例えば、テンプレートファイルを複製し、保存しておけば、何かミスをしてサイトが正常に表示されなくなったときも、編集前のテンプレートと比べることでミスを見つけることができるかもしれません。

ZIPファイルを削除しないでとっておくのもよいでしょう。再度展開することで何も手を加えられていない状態のテンプレートファイルを作成することができます。

もっと知りたい！

JavaScript って何？

サイトを制作していると、たまに目にするのが「JavaScript」という言葉。サイトに関係しているものだとは分かるけど、実際どういうものなのでしょうか。

JavaScriptとはプログラミング言語の一種です。HTML、CSSと並んでウェブサイトによく使われているもので、具体的にはウェブサイトに動き（アニメーション）をつける役割を担っています。

本書についてくるテンプレートにもJavaScriptファイルが入っています。「js」と名前のついたフォルダの中に、「fuwaimg.js」というJavaScriptファイルがついていますが、これは画像展示スクリプト「fuwaimg」の根幹となるファイルで、リンクをクリックすると画像がふわっと浮かび上がってくる仕組みを実装するためのものです。

単純なアニメーションであればCSSだけでも実現できるのですが、JavaScriptでは「このボタンをクリックすると、別の要素がアニメーションする」のように、アニメーションを実行する条件が細かく指定できるほか、「HTMLには書かれていない要素を新しく追加する」など、より複雑な動きを加えたりすることができます。

JavaScriptを自分で書けるようになるためには、HTMLやCSSに比べると、よりプログラミング的な思考が必要になるため、難易度は少々上がります。しかし、いわゆる夢小説には欠かせない名前変換機能など、既成のJavaScript製プログラムを使うことで実装できる機能も多いため、どういうものなのか、知っておいても損はありません。

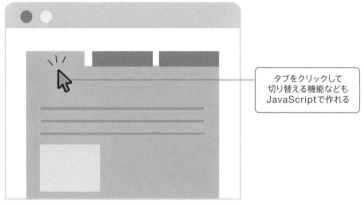

タブをクリックして
切り替える機能なども
JavaScriptで作れる

JavaScriptにできることの例

06 | ウェブサイト作成から 公開までの流れ

LEARNING

ここまででウェブサイトがどのようにして作られているか、かなり明確にイメージできるようになったはず。次はウェブサイトがインターネット上に公開されるまでの流れを学びましょう。サーバー上にファイルを公開するための、FTPクライアントソフトのオススメも紹介します。

✅ | 作業は大まかに3 〜 4ステップです

基本的には次のような流れです。

1.HTMLファイルを編集する。

2.必要であれば、CSSファイルを編集する。

3.ブラウザで表示を確認する。

4.FTPクライアントソフトを使ってサーバー上にアップロードする。

実際はファイルを編集したら、こまめにブラウザ表示を確認するので、1 〜 3を何度か繰り返すことになります。ライブプレビュー機能を使っているなら、行程3はある程度省いても問題ありませんが、サーバーにアップロードする前にブラウザで表示を確認するクセをつけましょう。

✅ もっとも時間がかかるのはHTML編集

HTMLはサイトの本文です。ウェブサイト作成における全体の作業のうち、HTML編集はもっとも時間がかかります。慣れないうちは不用意にタグの一部を消してしまったりして、表示崩れを起こしたりするミスが頻発するはずです。
でもあまり気に病む必要はありません。実はプロのコーダーでも、たった1文字のミスで表示崩れが起きて、原因探しに時間を費やしてしまうなんてことは、よくあることな

んです。そういう経験を重ねていくうちに、自分で問題を解決する力が身に付いていって、少しずつミスが起きないように作業できるようになります。何かミスをしてしまってもあまり気負わないでコツコツ作業していきましょう。

ヒント !

Chapter6のSTEP02「表示が崩れたり、不具合が起きた場合の対処法」（P.220）では、表示崩れが起きて原因が分からないときの対処法も紹介しています。よくあるミスをまとめていますので、何か困ったことがあったら参考にしてください。

✔ デザインにこだわるなら、CSS編集にも挑戦して

テンプレートのままのデザインでOKなら、HTMLが完成すれば作業は終了です。デザインをもっと自分好みにしたい場合は、CSS編集に挑戦してみましょう。
CSSは、基本的な書き方がHTMLとは異なります。そのため覚えなければいけないことも増えてしまうのですが、CSSを編集できるようになるとどんどん自分好みのデザインを実現できるようになり、とても楽しいですよ。CSSについてはChapter4「デザインにもこだわりを！ CSSの基本を知ろう」（P.117）で詳しく説明しています。

HTMLの書き方

```
<html>
<head>
<meta ...>
</head>
<body>
        <h1>サンプルサイト</h1>
        <p>ようこそ。ここは私のサイトです！</p>
</body>
</html>
```

CSSの書き方

```
body {
            background-color: #cccccc;
}
h1 {
            color: #333333;
            border-bottom: 1px solid;
}
```

図1-6-01　HTMLとCSSの書き方の違い

✔ サーバーにアップロードするとサイトが公開されます

ファイルの編集が終わり、ブラウザで問題なく表示されることが確認できたら、いよいよサーバーにファイルをアップロードします。
レンタルサーバーの管理画面にログインすると、ファイルマネジャーツールなど、サーバー上にファイルをアップロードするためのツールを利用できることがあります。しかし、これだとフォルダごとアップロードできなかったり、サービスによってはUIがまちまちで使いづらかったりするので、FTPクライアントソフトを使うことをオススメします。

CHAPTER 1

最初に知っておきたい ウェブサイトの基礎知識

✔ │ FTPクライアントソフトを手に入れよう

FTPクライアントソフトとは、サーバーに接続してファイルのアップロード・ダウンロードを行うことのできるソフトです。これを使えば一度に大量のファイルをアップロードできて作業を効率化できます。Windowsをお使いの方にはFFFTP、Macをお使いの方にはFileZillaがオススメです。

表1-6-01　OS別オススメのFTPクライアントソフト

Windows	FFFTP	https://ja.osdn.net/projects/ffftp/
MacOS、Linux	FileZilla	https://filezilla-project.org/

FTPクライアントソフトをダウンロードしたら、まずはサーバーとのFTP接続の設定をする必要があります。FTP接続に必要な情報はサーバーごとに異なりますが、たいていの場合はレンタルサーバーの公式ホームページに掲載されています。レンタルサーバーのマニュアルやQ&Aを確認するか、検索エンジンで「(サーバー名)　FTP接続」などの語句で検索してみてください。

ヒント❗

情報の取り扱いには注意！
サーバー上にアップロードされたファイルは、アクセス制限やパスワードなどによる保護をかけていない限り、世界中どこからでも、誰でもアクセスできる状態になります。個人情報を含むファイルなど、取り扱いに注意の必要なものは、不用意にサーバーにアップロードしないよう気を付けましょう。

STEP

07 | カンタンなHTMLを書いて インターネット上に公開してみよう

LEARNING

次はいよいよ実践編です。試しに、カンタンなHTMLを書いてインターネット上に公開してみましょう。落ち着いて、お手本通りに書けば難しいことはありません。

☑ | まずはテストファイルで流れを体験してみよう

本物のテンプレートを編集してみる前に、テスト用のHTMLを作って、インターネット上に公開してみましょう。

☑ HTMLを書いてみよう

最初に、デスクトップなどの適当なところにテスト用のフォルダを作成してください。名前は分かりやすいもので構いません。作成したフォルダを開いて右クリックし、テキストファイルを新規作成しましょう。テキストファイルには、「test.html」と命名してください。拡張子は、.txtではなく、.htmlである点に注意しましょう。

図1-7-01
ファイル名は
「test.html」にする

「test.html」をプログラミング用テキストエディタで開いて、適当な語句を書いてみましょう。プログラミングの学習では、こういうときはよく「Hello World!」と書きます。ためしに「Hello World!」と書いてみてください。書き終わったら、上書き保存しましょう。

図1-7-02
テキストエディタ「Atom」で
「test.html」を編集しています

次はこのファイルをインターネット上に公開します。

FTPクライアントソフトを立ち上げてサーバーに接続し、先ほど作成した「test.html」をアップロードしてみましょう。サーバー側のファイル一覧に「test.html」が追加されたのを確認したら、ブラウザからアクセスしてみます。

サーバーを借りた際に、あなたの借りたサーバーのURLが渡されたはずです。そのURLの末尾のスラッシュの後に「test.html」と付け加えたものが、先ほどアップロードしたHTMLのURLになります。例えば、借りたサーバーのURLが「http://mysite.example.com/」であれば、「http://mysite.example.com/test.html」になりますね。このURLをブラウザに打ち込んで、アクセスしてみましょう。

ヒント！

インターネット上でファイルを公開するためには、サーバーが必要です。まだ、どのサーバーを借りるか決めかねている……という方は、P.027の「個人サイトにオススメのレンタルサーバー」を参考に、サーバーを借りてみましょう。

http://xxxxx/test.html

Hello World!

図1-7-03
入力した言葉がインターネット上に公開されました

これだけの操作で、あなたの作ったHTMLが全世界に公開されました。サイト制作の第一歩です！　せっかくなので、もうちょっとHTMLらしいものを書いてみましょう。まずはお手本をよく見て、マネして書いてみてください。

```
test.html

<h1>これは見出しです</h1>
<p>Hello World!</p>
```

<h1>や<p>はすべて半角英数記号ですので、ご注意ください。これを書いた「test.html」を保存して、もう一度サーバー上にアップロードするとどうなるでしょうか。

図1-7-04
大きな文字の見出しが追加されました

<h1>タグで作った見出しが反映されました。見出しらしく、大きく太い字で強調されているのがわかります。このように、文字をタグで囲って記述するのがHTMLの特徴です。HTMLの書き方については、Chapter3（P.067）で詳しく解説します。

✔ CSSも書いてみよう

さて、もう少しだけ頑張って、CSSも書いてみましょう！
先程ローカルに作成したフォルダの中に先程の「test.html」が格納されていますね。
フォルダ内に新しいテキストファイルを作成し、「test.css」と命名してください。

ヒント ❗

HTMLの中に直接CSSを書くこともできる
HTMLファイルの中にCSSを直接記述することもできます。今回は、特典のテンプレートと
同じようにHTMLとCSSを別ファイルに分けて管理する方法を試してみましょう。

図1-7-05
ファイル名は「test.css」にする

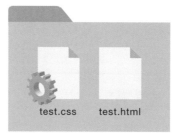

図1-7-06 「test.html」と「test.css」が
同じフォルダに入っています

次に、「test.html」の中に、「test.css」を読み込むための記述をします。次の記述
をよく見て、完璧にマネをしてみてください。

test.html

```
<link rel="stylesheet" href="test.css">
<h1>これは見出しです</h1>
<p>Hello World!</p>
```

タグの記述はすべて半角英数字です。特にスペースは全角と半角では区別がつきにくい
ので、ご注意ください。また、「"」マークはダブルクォーテーションマークです。シン
グルクオーテーションマーク「'」をふたつ重ねているわけではありません。
追加した1行は、「同じ階層にある「test.css」を、スタイルシートとして読み込むよ」
という意味です。今度は「test.css」に次のように記述してみましょう。

```
test.css

h1 {
    color: pink;
}
```

これは、h1で囲ったところの文字色をピンクにするよ、という指定です。こちらもすべて半角英数記号です。カッコは波カッコ「{ }」です。
記述できたら、さっそくブラウザで表示を確認します。サーバーにアップロードしてもよいですが、今回はまずはサーバーにアップロードしないで、ローカルで確認してみましょう。「test.html」をブラウザで開いてみてください。

図1-7-07
見出しがピンク色になりました

見出しがピンク色になったでしょうか。もしもピンク色になっていなかったら、CSSやHTMLの記述にミスがないか、よく確認してみてください。無事にピンク色になったら、サーバーにアップロードして、公開された「test.html」にアクセスして確認してみましょう。
このように、実際のテンプレート編集作業では、サーバーへアップロードする前に、htmlファイルをブラウザで開いて確認するクセをつけるとよいでしょう。

もっと知りたい！

レスポンシブデザインって何？

スマートフォンやタブレットのような、パソコンに比べると画面が小さな端末が普及した今、ウェブサイトではレスポンシブデザインへの対応がもはや必須となっています。そもそもレスポンシブデザインとはどういうものなのでしょうか？

✔ 昔はなかったレスポンシブデザイン

レスポンシブデザインとは、パソコンやタブレット、スマートフォンなど、画面サイズの異なるさまざまな端末からウェブサイトを閲覧したときに、どの端末においても快適にサイトを見ることができるように、サイトのレイアウト・デザインを調整する仕組みのことです。インターネットを通じてウェブサイトを見ることが、パソコンでしかできなかったころには、このような概念はありませんでした。しかしスマホのような小さな端末でインターネットに接続するのがあたりまえとなった今では、レスポンシブデザインになっていないウェブサイトは訪問者にストレスを与えてしまい、ろくに見てもらうことができない可能性があります。

本書の購入特典テンプレートはすべてレスポンシブ対応になっています。その他のテンプレートを使う場合は、そのテンプレートがレスポンシブ対応になっているか、必ず確認してください。

✔ レスポンシブデザインのメリット

よくあるウェブサイトのレイアウトとして、サイドバーがある2カラムレイアウトが挙げられます。ブログなどでもよく見かけますね。

仮にこのようなレイアウトのサイトで、レスポンシブ対応していない場合では、スマホで閲覧すると次ページ上図のように、それぞれのカラムが画面幅に応じて狭くなりすぎてとても見づらくなってしまったり、逆にコンテンツボックスの横幅がスマホの横幅からはみ出てしまったりします。これではスムーズにサイトを見られず、せっかく訪れてくれた訪問者にストレスを与えてしまいます。

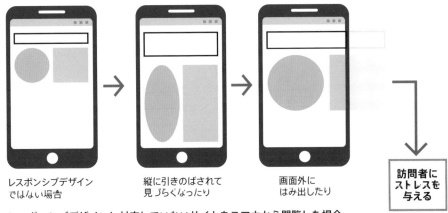

レスポンシブデザイン
ではない場合

縦に引きのばされて
見づらくなったり

画面外に
はみ出したり

訪問者に
ストレスを
与える

レスポンシブデザインに対応していないサイトをスマホから閲覧した場合

一方でレスポンシブ対応ができているサイトの場合、画面が小さい端末で閲覧すると、下図のようにサイドバーがメインコンテンツブロックの下に移動します。これならそれぞれのコンテンツがきれいに画面に収まるので、ストレスなく閲覧できます。このように、横並びになっていたカラムが縦に並ぶことを、カラム落ちと呼びます。

パソコンでも、ブラウザのウインドウの幅を小さくしてみることで、サイトがレスポンシブ対応しているかどうかが分かります。試しによく閲覧するサイトでレスポンシブ対応がどのようになっているか、確認してみてください。

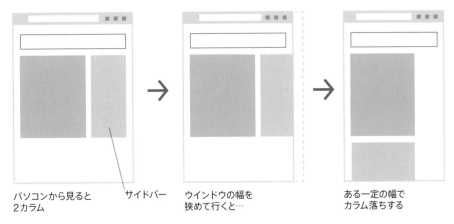

パソコンから見ると
2カラム

サイドバー

ウインドウの幅を
狭めて行くと…

ある一定の幅で
カラム落ちする

レスポンシブデザインに対応しているサイトをスマホから閲覧した場合

✔ レスポンシブデザインの仕組み

それでは、レスポンシブデザインとはどのような仕組みで実現しているのでしょうか。
仕組みは意外と単純で、端末の画面の大きさによって、HTMLに適用するCSSを切り替えているのです。

サイトのデザインを決めるのはCSSの役割であることは、Chapter1のSTEP05「テンプレートの使い方」で説明しました。実は、CSSでは「ブラウザの大きさを指定して、場合分けに利用する」ことができます。つまり、「基本はこのCSSを使うけど、端末の横幅が750px以上のときはこっちのCSSを使うよ」という指定が可能なのです。

レスポンシブ対応のためのCSS

```
01   h1 {
02     font-size: 20px; //  見出し1の基本のフォントサイズが20px
03   }
04
05   @media screen and (min-width: 750px) {
06   h1 {
07       font-size: 35px; //  ウインドウの横幅が750pxより大きいときはフォントサイズ35px
08     }
09   }
```

レスポンシブデザインに対応したテンプレートを利用するのであれば、サイトを作成するにあたって、自分でこのような場合分けCSSを書く必要はありません。ただ、自分でサイトを1から作成する場合、またはサイトをレスポンシブデザインに対応させるためには、きちんとテンプレートの決まりに沿ってHTMLを記述する必要があります。

CHAPTER **2**

サイトの構成・デザインを考えよう

ウェブサイトの仕組みは理解できましたか？　次はサイトの構成を考えていきましょう。どんなページが必要になるか、どこからリンクを繋げるか……ここでしっかり考えておくことで、実際にHTMLやCSSを編集するとき、迷うことなく進められます。

STEP

01 | どんなページが必要？

LEARNING

サイト制作に取り組む前に、どんなページを用意するかを決めておきましょう。必要なページは、どんなコンテンツをどれだけ展示したいかによって変わります。HTML編集をはじめる前に、簡単なサイトマップを作って、必要なページを整理してみると、制作に役立ちます。

✓ | サイトの構成を考えて、サイトマップを作ろう

まずは、サイトにどんなページが必要になるかを考えてみましょう。
サイトに必要なページを考えるためには、サイトマップを作ってみるのがよいでしょう。
サイトマップとは、サイトを構成するページをツリーのような図にして整理したもので、
プロのウェブサイト制作現場でもよく使われます。例えば、図2-1-01のようなものです。

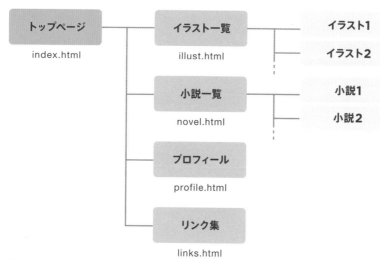

図2-1-01 サイトマップの例

ページから枝分かれして繋がっているのは、そのページからリンクでジャンプできるページです。図2-1-01の例では、トップページからイラスト一覧ページへ、さらにイラスト一覧ページから各イラストページにジャンプできるように、リンクを繋げます。小説も同様に、小説一覧ページから個別の作品ページへとリンクするようにして展示します。

サイトマップをあらかじめ作っておくことで、サイト制作がスムーズに進みます。特に本書特典のテンプレートを使う場合、テンプレートの構成は、ほとんどのページ上に共通のメニュー（グローバルメニュー）が表示されていて、どのページからも各コンテンツにジャンプできるようになっています（「noheader_image.html」などを除きます）。

制作作業の途中で急遽、必要なページを思いついて、メニューリンクに変更が生じると、すべてのページの修正が必要になり、作業が混乱する原因となってしまいます。途中のサイト構成変更はリンクの修正漏れなどが発生する要因にもなりますので、サイトマップは必ず作っておきましょう。メモ用紙に鉛筆の手描きなど、簡単なもので構いません。サイトマップの構造に決まりはありませんが、訪問者がトップページから2～3クリック程度で展示物へアクセスできるのが理想です。意図的に隠したい作品であれば別ですが、作品ページへのアクセスルートはあまり複雑にしすぎないようにしましょう。

☑ 各ページのアドレスも決めておこう

サイトマップを制作する際に、各ページのアドレスを一緒に決めておきましょう。アドレスは、HTMLファイルの名前にあたります。Chapter1のSTEP07で「test.html」をサーバーにアップロードしたときは、「http://あなたのサイトアドレス/test.html」が該当するファイルのアドレスになりましたね。このように、各ページのアドレスを先に決めておくことで、ヘッダーメニューのリンクなどを作りやすくなります。

サイトの入り口にあたるページは、必ず「index.html」にしましょう。ファイル名に「index.html」と名付けてアップロードしたファイルが、あなたのサイトアドレスに訪問したときに最初に表示されるページになります。

☑ フォルダを活用してファイルをまとめよう

せっかく個人サイトを作るなら、作品は多くアップしたいですよね。ただし、作品数が増えるにつれ、作品ページのHTMLファイルが増えていくと、サーバー上で管理するのが大変です。そこで、サーバー上のフォルダ内にHTMLファイルをまとめる方法を紹介します。

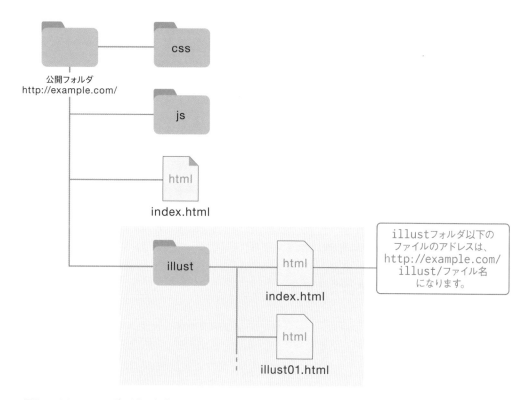

図2-1-02　フォルダの活用方法

パソコン上でファイルを管理するときと同様に、関連のあるHTMLファイルを1つの
フォルダ内にまとめておきましょう。こうすれば、サーバー上のファイル一覧がスッキ
リして見え、目的のファイルも見つけやすくなります。

作品ページを整理する場合、図2-1-02のように、「http://example.com/」サーバー
の公開フォルダの中に「illust」フォルダを作成し、その中に「index.html」を作成
します。

すると、「http://example.com/illust/」にアクセスしたときに、illustフォルダ内
の「index.html」の内容が表示されます。illustフォルダ内の「illust01.html」なら、
アドレスは「http://example.com/illust/illust01.html」です。アドレスもパッ
と見で分かりやすくなりますね。このように、ページをたくさん作成する必要があるコン
テンツについては、専用のフォルダを作っておくのがよいでしょう。

ただ、このようにフォルダを作成してその中にHTMLファイルを追加していく方法に
は、HTMLを編集する上でちょっとした注意点があります。詳しくはChapter3の
STEP08「リンクを貼ろう」（P.093）で解説します。

✓ 個人サイトの一般的な構成

よくある個人サイトのページ構成を紹介しますので、参考にしてサイトマップを作ってみて下さい。もちろん、ここに紹介していない内容のページを作ってもOKです！ これはあなただけのサイトです。自由に作ってしまいましょう。

✓ ワンクッションページ

特に二次創作を取り扱うサイトでは、トップページに入る前に簡単な説明を書いたワンクッションページを置くことが多いです。これは、二次創作をよく知らない人をサイトに入らせないようにしたり、展示物の傾向をあらかじめ訪問者に知ってもらい、苦手なコンテンツを避けるようにしてもらうためのものです。

ワンクッションページを設けるかどうかはサイト運営者の自由ですが、見る人を選ぶコンテンツを展示する場合は、トラブル防止のためにワンクッションページを設けることをオススメします。

図2-1-03　ワンクッションページの例

✓ トップページ（index.html）

ワンクッションページがないサイトの場合、あなたのサイトを訪問した時に一番最初に表示されるページです。このページを拠点として、各コンテンツのページへ訪問者を案内します。サイトの説明や更新履歴、自分のプロフィールなどを載せることもあります。

図2-1-04　トップページの例

✔ 作品一覧ページ

小説やイラストなど、展示する作品の一覧ページです。各展示物の個別ページへのリンクをまとめます。

一覧ページはジャンルごとや、連載作品ごとに分けることが多いですが、特に決まりはないので、好みに合わせて作ればよいです。

展示物があまり多くない場合は、作品一覧ページを設けず、トップページに小説やイラストのリストを置くのもよいでしょう。

図2-1-05　作品一覧ページの例

✔ 作品の掲載ページ

作品を展示するページです。個人サイトにおけるメインのコンテンツですね！

作品の掲載ページは作品ごとに作成することになり、ページ数が多くなるため、ヘッダーメニューのないページサンプル（本書の特典テンプレートの場合、「noheader_image.html」など）を使って作成しましょう。

サイトを長く運営していると、コンテンツが増えてヘッダーメニューに変更が生じることがあります。その場合、作品一覧ページまではヘッダーメニューを書き換えることができても、（数十枚あるかもしれない）作品掲載ページまですべての情報を書き換えるのはとても大変だからです。

> **ヒント ！**
>
> **イラストを大量に展示する**
> イラストなど画像を展示する場合、イラストごとにページを設けてもよいですが、JavaScript製プログラム「fuwaimg」を使うと、イラストごとにページを作成しなくてもキレイに画像を見せることができます。詳しくはChapter2の「大量の画像を展示したいときのTips」（P.060）を参照してください。

図2-1-06　作品の個別掲載ページの例

✔ プロフィールページ、リンクページなど

サイトによっては、運営者のプロフィールをまとめたページや、外部サイトへのリンクをまとめたページが設けられています。

プロフィールページには、運営者の自己紹介や活動履歴、好きなものなどをまとめましょう。

リンクページには、交流のある個人サイトや、参加歴のあるイベントの公式サイト、利用しているフリー素材サイトなど、訪問者に紹介したいサイトへのリンクをまとめます。

STEP 02 ｜ テンプレートの選び方

LEARNING

サイトマップができたら、テンプレートを選びましょう。レイアウトが好みのテンプレートを見つけたら、リンクなどの色やフォント、背景色・背景画像を変更すれば、好みのサイトが出来上がります。

✔ ｜ テンプレートを選ぶコツ

サイトマップは作成できましたか？　では、いよいよテンプレートを選んでみましょう！

本書では、「BASIC」「CUTE」「ELEGANT」という3つのテンプレートを用意しています。

Chapter1のSTEP05（P.029）でダウンロードしたファイルの中身を確認してみましょう。 まだ、 ダウンロードしていなかったら、 本書のサポートサイト（https://book.mynavi.jp/supportsite/detail/9784839976002.html）にアクセスして、テンプレート素材一式をダウンロードしてください（ダウンロードしたファイルの解凍方法はP.010を参照してください）。

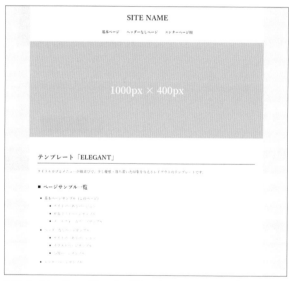

図2-2-01　テンプレート「ELEGANT」のトップページ

解凍したフォルダの中を見ると「BASIC」「CUTE」「ELEGANT」というフォルダが3つ、確認できると思います。それぞれ、「index.html」をブラウザで開いてみるとどんなデザインのものかがわかると思うので、好みのものを1つ選んでください。選んだテンプレートファイルのフォルダは、編集用にコピーしてローカルに置いておきましょう。

Chapter3から、選んだテンプレートを使用して、HTMLやCSSについて解説していきます（本書の特典テンプレートは、基本的に同じページ構成で作成されています。どのテンプレートを選んでも学習に問題はありませんが、本書では解説に「BASIC」を使用していきます。画像の変化などをしっかり確認しながら学習したい方は、学習用としてまず「BASIC」を選択するとよいでしょう）。

好みに合うものを選べばOKなのですが、自分の好みにピッタリはまるテンプレートが見つからない場合もあると思います。そんなときには、自分でCSSを編集し、カスタマイズをすることで、より好みのデザインに近づけることができます。
ただ、初心者でもできるカスタマイズがどれくらいあるのか、イメージしづらいですよね。そこで、以下の表にカスタマイズの難易度をまとめてみました。

表2-2-01　カスタマイズの難易度

文字、リンク、背景などの色を変更する	◎
フォントを変更する	◎
背景を画像にする	○
余白を調整する	○
デザインされたボックスを自作する	○
デザインされたリンクボタンを自作する	○
デザインされたリストを自作する	△
カラム落ちする横並びボックスを自作する	×
スマホで見たときにヘッダーメニューを折りたたませる	×

◎…簡単　○…難しくない　△…ちょっと難しい　×…勉強が必要

例えば、「レイアウトが理想だけど、色とフォントが好みと違う」テンプレートと、「色使いは好きだけど、ブロックのレイアウトが好みと違う」テンプレートで迷っているなら、前者のテンプレートを自分でカスタマイズするほうが、比較的簡単に好みのスタイルに近づけやすいでしょう。基本的に、色やフォントを変える程度のカスタマイズなら難しくありません。しかし、装飾を増やしたり、ブロックのレイアウトを変えたり、レスポンシブ対応のパーツを自作するにはもう少し勉強が必要です。

> **ヒント !**
>
> CSSの編集方法については、Chapter4（P.117）で詳しく解説しています。
> また本書特典テンプレートでは、色やフォントなどの変更のために必要な編集箇所に、コメントで目印をつけているので、初心者でもあまり迷わずにCSSを編集できるはず。ぜひご活用ください。

STEP

03 ｜ 文章が読みやすいデザイン

LEARNING

小説などを展示する場合、読みやすさには配慮が必要です。ここでは、テキストを読みやすくする工夫を紹介します。途中でHTMLやCSSのサンプルが出てきますが、今は読み飛ばしてOKです。サイト制作中に、テキストの見せ方で悩んだときは読み直してみて下さい。

✓ ｜ テキストの見せ方はCSSで調整を

小説など、テキストがサイトのメインコンテンツとなる場合、訪問者に文章を快適に読んでもらうための工夫が必要です。文字の大きさや行間、字間なども、CSSを編集することで調整できます。

本書に付属のテンプレートでは、文章が快適に読めるよう、すでに各種CSSを調整してあります。しかし、フォントを変更した場合、使用するフォントによっては調整が変更になる場合があります。

また、本書特典以外のテンプレートを使っている場合には、文字が少し詰まって見えたり、色が薄く見えることがあるかもしれません。そんなときにはこのページを参考にして、自分でCSSを編集してみて下さい。

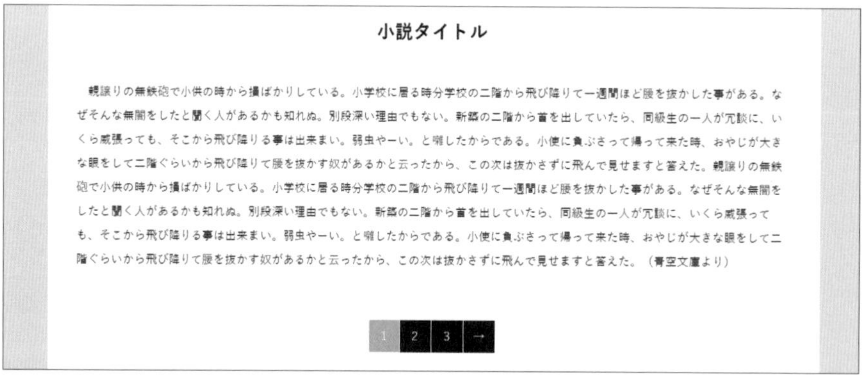

図2-3-01　テキストを見やすく表示する

✔ フォントの大きさ・太さ・色

まずは文字そのものの見やすさがもっとも重要です。背景色に近い文字色や、細すぎるフォントではテキストが見づらくなってしまいます。特に文字の大きさは、テンプレートによっては文章コンテンツを読ませるには小さすぎる場合があります。最小でも14px程度にするのがよいでしょう。

✔ 行間・字間

行間や字間が狭すぎる、もしくは広すぎるのも読みづらさの原因になります。字間はほとんどの場合、特に調整する必要はありませんが、テンプレートの仕様や利用するフォントによって、行間は調整した方が見やすくなる場合があります。

実は、行間や字間もCSSで調整することができます。もしお使いのテンプレートで行間や字間を調整したい場合は、以下の表を参考に調整してみてください。

CSS編集については、Chapter4でより詳しく説明します。

表2-3-01　テキストコンテンツにオススメのプロパティ設定

フォントの大きさ（font-size）	14px以上
フォントの太さ（font-weight）	300〜500（フォントによる）
文字の色（color）	背景色に近すぎない
行間（line-height）	1.5em〜2.5em程度
字間（letter-spacing）	0em（フォントによる）

px、emなどの単位についてはChapter4の
STEP11「よく使うCSSプロパティリスト」を参照

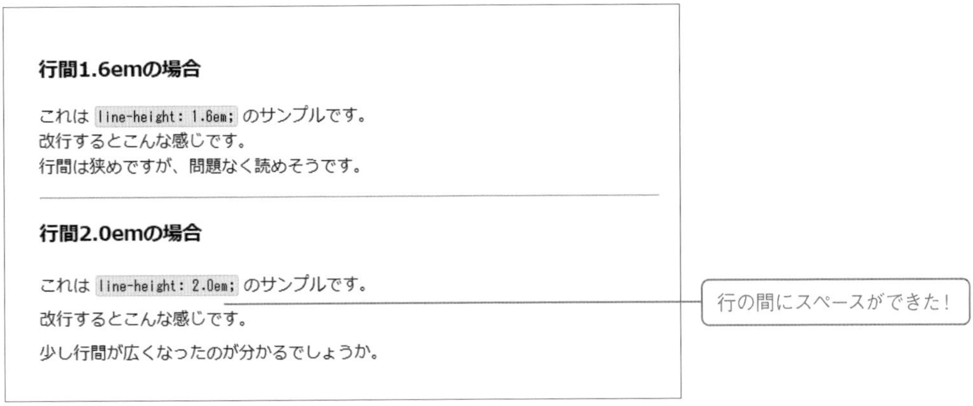

行間1.6emの場合

これは `line-height: 1.6em;` のサンプルです。
改行するとこんな感じです。
行間は狭めですが、問題なく読めそうです。

行間2.0emの場合

これは `line-height: 2.0em;` のサンプルです。

改行するとこんな感じです。

少し行間が広くなったのが分かるでしょうか。

> 行の間にスペースができた！

図2-3-02
行間によるテキストの見やすさの違い

1行の長さ

文の1行がサイトの画面に対して長すぎると、文章が読みづらくなってしまいます。テンプレートと文字サイズ、フォントの兼ね合いで、1行が長くなってしまう場合は、横幅が小さい透明のボックスを自作するとよいでしょう。

> **横幅が広すぎる場合**
>
> ボックスの横幅が広すぎると、一行が長くなってしまうため、文章が読みづらくなります。ボックスの横幅が広すぎると、一行が長くなってしまうため、文章が読みづらくなります。ボックスの横幅が広すぎると、一行が長くなってしまうため、文章が読みづらくなります。ボックスの横幅が広すぎると、一行が長くなってしまうため、文章が読みづらくなります。

ボックスの横幅が広すぎて読みづらい

図2-3-03 サイトの画面に対して横幅が広くて読みにくい

透明のボックスを作成して1文の長さを調整する

透明のボックスを作るには、以下のようなコードを書くことで簡単に実現できます。このようにすると、smallboxクラスのついたdivボックスが、横幅が最大でも600pxの透明なボックスになります。このボックスの中に本文を入れれば、1行が長くなるのを防ぐことができます。600pxの部分は好みで変えて調整してみてください。

HTML

```
<div class="smallbox">
ここに本文を記述します。
</div>
```

CSS

```
div.smallbox {
max-width: 600px;
}
```

サイズはサイトのデザインなどに合わせて変更OK

> **横幅が適切な場合**
>
> ボックスの横幅が広すぎると、一行が長くなってしまうため、文章が読みづらくなります。ボックスの横幅が広すぎると、一行が長くなってしまうため、文章が読みづらくなります。ボックスの横幅が広すぎると、一行が長くなってしまうため、文章が読みづらくなります。ボックスの横幅が広すぎると、一行が長くなってしまうため、文章が読みづらくなります。

適切な横幅で文章が読みやすくなる

図2-3-04
ボックスを作ることで読みやすくなる

STEP 04 | イラストや写真を キレイに見せるデザイン

LEARNING

イラスト・写真などの画像を展示するためには、画像のサイズや容量に配慮が必要です。画像が大きすぎるとサイトの表示が遅くなる原因になります。画像のサイズや形式を適切にして、訪問者に快適に展示物を見てもらえるようにサイトをデザインしましょう。

☑ | イラストの表示が遅くならないように配慮する

デザインの話からは少しずれますが、画像を多く掲載することが多い個人サイトでは最初に知っておいてほしいことです。展示するイラストのサイズには、必ず配慮しましょう。

ここでいうサイズとはイラストの単純な解像度のことではなく、容量のことを指します。容量の大きなイラストを表示させるには、たくさんの通信量が必要です。つまり、イラストのダウンロードに時間がかかるため、訪問してからサイトのすべてが表示されるまでにラグができてしまうのです。

サイトを訪問したとき、なかなかコンテンツが表示されなくて、イライラしてしまったことはありませんか？　サイトの表示に時間がかかるのは、訪問者にとって大きなストレスです。あまりにもひどい場合には、そのサイトを見るのをやめてしまう原因にすらなります。

具体的にどれくらいの容量の画像がいい?

原則として、PNG形式の画像はできるだけ控えるのがよいでしょう。

PNG画像は画質がよく、とてもキレイですが、それだけ容量も大きくなってしまいます。どうしても背景の透過が必要などの理由がなければ、掲載にはJPG形式の画像を使いましょう。

JPG画像は、キレイに表示され、かつ軽量で読み込みが早いためオススメです。PNG画像に比べれば画質はどうしても劣ります。しかし、サイトの表示が遅くなり訪問者が離脱してしまうデメリットを考えれば、多少画質は荒くてもJPG画像を使ったほうがよいでしょう。

画像のサイズの目安を用途別で表にまとめたので、画像制作の参考にしてください。

表2-4-01：画像のサイズの目安

用途	サイズ
展示用イラスト	横600〜1200px
画面全体を覆う画像（背景など）	横1600px×縦1200px
イラストサムネイル	100px〜500px平方（好みによる）

✓ 画像の使い過ぎにも注意！

軽いからといって、JPG画像さえ使っていれば何をしてもOK、というわけではありません。軽量なJPG画像でも、1つのページに大きめのものをたくさん使い過ぎると、通信量は大きくなり、サイトが重くなる原因になります。

例えば、イラスト一覧ページに使うサムネイル画像は必要以上に大きくしない、1ページに載せるサムネイル画像の数が大きくなりそうな場合はページを分ける、等の工夫が必要です。

✓ キャッシュを削除して自分のサイトの表示スピードを確認しよう

自分のサイトの表示が重いかどうかというのは、実はなかなか気づきにくいものです。というのも、ブラウザには、以前そのサイトを訪れたときに表示したデータを一時的に保存し、次に訪問したときにはサーバーにデータを取得しに行かずに保存したデータを表示することでコンテンツを速く表示してくれる仕組みがあるのです（キャッシュといいます）。

自分のサイトの表示の速さを確認したい場合は、ブラウザのキャッシュをすべてクリアしてからサイトを訪問してみましょう。ちょっと表示が遅いかもと感じたら、展示方法を見直したほうがいいかもしれません。

☑ 展示用画像は少し大きめがオススメ

ここまで、使用する画像はできるだけ軽くすることをオススメしてきました。ですが、展示用画像については、少し大きめにするのをオススメします。

あまり画像が大きすぎると、コンテンツを表示するエリアをはみ出してしまうのでは……と心配になるかもしれません。ですが本書特典テンプレートでは、画像が表示エリアをはみ出さないようなCSSになっているため、心配は不要です。

閲覧する端末が小さいときは、画像が縦横比を保ったまま画面に合わせて縮小していくように設定されています。さらに、大きめの画像が縮小された場合、画像の荒い部分がつぶれて見えるため、展示スペースぴったりの大きさの画像よりも少しキレイに見えるのです。

また、ページに画像を直接掲載してイラストを展示する場合、見やすさの観点から1ページに1点のイラスト掲載が理想です。

☑ 画像がエリアをはみ出してしまった場合

本書特典以外のテンプレートを使っていて、画像が大きすぎてコンテンツエリアをはみ出してしまった場合は、CSSフォルダ内の「style.css」をテキストエディタで開き、以下のCSSを最初の方に書き足してみてください。これは、画像がどれだけ大きくても、親要素（本来の表示エリア）の大きさからはみ出ないように横幅を調整するための記述です。

template/BASIC/css/style.css

```
img {
max-width: 100%;
}
```

もっと知りたい！

大量の画像を展示したいときのTips
fuwaimgの使い方

展示したい画像がたくさんある場合、1ページに1点のみの掲載だとページが増えて管理が大変になってしまいますし、かといって1ページに何点も画像を貼り付けるのは見た目も悪いし表示も重くなる……と、展示方法に悩んでしまいますよね。

そんなときのために、本書のテンプレートには「fuwaimg」というスクリプトを同梱しています。fuwaimgはJavaScriptで作られたプログラムで、リンクをクリックするとページを移動せず、リンク先に指定された画像をふわっと表示するというものです。

サムネイル画像やリンク文字をクリックすると……

リンク先に指定された画像がふわっと浮き上がります

実際の動作は、各テンプレートにある「index_lists.html」を確認してみてください。
fuwaimgを使えば、いちいちページを移動させることなく画像を閲覧させることができます。一覧ページには小さめのサムネイル画像か、テキストのリンクを使えば、1ページの中に画像のリンクをたくさん作っても、ページの表示が遅くなりにくいです。イラストの説明など、簡易なキャプションをfuwaimgの基本コードの中の「data-fcaption="キャプション"」の中に書くことで画像の下に表示させることもできます。

✓ fuwaimgの使い方

実際にfuwaimgを使って、複数の画像をグループ分けして表示する方法を確認してみましょう。

テンプレートファイルの中の「index_lists.html」をテキストエディタで開いてみてください。「イラスト一覧サンプル」というワードでテキスト内を検索すると、以下のようなHTMLがあるかと思います。

template/BASIC/index_lists.html

```
<h2>イラスト一覧サンプル</h2>
<ul class="illust">
  <li><a href="img/sample.jpg" class="fuwaimg"
    data-fcaption="キャプション"><img src="img/sum-md.jpg"
    alt="サンプル画像"></a></li>
  <li><a href="img/sample.jpg" class="fuwaimg"
    data-fcaption="キャプション"><img src="img/sum-md.jpg"
    alt="サンプル画像"></a></li>
                        ・
                        ・
  </ul>
```

<a>タグで指定している「img/sample.jpg」が、リストのサンプル画像をクリックしたときに浮かび上がって表示される展示用画像です。<img>で指定している画像は、一覧に表示されている小さなサンプル画像です。
表示させたい画像を用意したら、「img」フォルダの中に画像を入れて、以下のように書き換えてみてください。

```
<li><a href="img/xxxxxxx.jpg" class="fuwaimg"
  data-fcaption="キャプション">
<img src="img/xxxxxxx.jpg" alt="サンプル画像"></a></li>
```

「index_lists.html」を保存して、ブラウザで表示してみてください。リストの1つ目に自分で用意した画像が表示されていますね。同じ手順で展示したい画像の数だけ、同じように書き換えて利用してください。

HTML：fuwaimgの基本コード

```
<a href="表示したい画像の指定" data-fimg="グループ名"
data-fcaption="キャプション" class="fuwaimg">
<img src="サンプル画像の指定" alt="サンプル画像">
  </a>
```

✔ グループのまとめ方

また、複数の画像を同じグループにまとめると、画像の両隣に表示されている矢印をクリックすることで、同じグループの中の次の画像を表示させることもできます。

左右の矢印をクリックすると、同じグループの隣の画像が表示されます

グループは、一覧ページにいくつ作っても大丈夫です。1つも作らなくてもfuwaimgは動作します。

グループ分けをしない場合は「data-fimg="（グループ名）"」は削除しても構いません。また、キャプションを使わない場合は「data-fcaption="（キャプション）"」も削除できます。必要なのは、「class="fuwaimg"」をリンクタグに指定することです。これを削除するとfuwaimgが動作せず、単にhrefに指定したURLにジャンプするだけになってしまいます。
本書特典テンプレートではすでにfuwaimgが利用できる状態になっていますが、それ以外のテンプレートをご利用の場合は、fuwaimg配布ページからプログラムをダウンロードし、説明に沿ってfuwaimgを設置してください。

●fuwaimg配布ページ
https://do.gt-gt.org/product/fuwaimg/

もっと知りたい！

名前変換フォームや
メールフォームを作るには

サイトによっては、夢小説用の名前変換フォームや、連絡用のメールフォームを設置したいという場合があるかと思います。本書特典テンプレートではフォーム用のデザインCSSも用意してありますが、機能そのものを実装するには、別途配布プログラムを導入する必要があります。

夢小説はJavaScriptだけで動作するプログラムもありますが、メールフォームは基本的にPHPが動くサーバーでなければ設置できません。
名前変換用のプログラムは、個人が趣味で配布されているものがほとんどなので具体例をここで紹介するのは控えますが、設置したい方は「夢小説 名前変換スクリプト」などの語句で検索してみてください。

✓ MailForm01を設置してみよう

メールフォームを設置する場合、PHPが使えるサーバーなら「MailForm01」を利用するのがオススメです。
無料のPHP多機能メールフォームで、送信前の確認画面やスパム防止機能など、さまざまな機能がついていてとても便利なプログラムです。設置方法も、指定のファイルに設定事項を書き込み、HTMLのformタグにaction="mail.php"を設定するだけで、非常にカンタンです。

> ヒント❗
>
> 非常にカンタンとは書きましたが、PHPプログラムの設置は本来は中級者向けです。まずはHTMLの扱いを覚えて、ある程度コードの編集に慣れてきてから挑戦してみてください。

MailForm01を使って、テンプレートに付属しているコンタクトフォーム用ページを実際に動くようにしてみましょう。MailForm01は、お使いのサーバーがPHPに対応していなければ利用できませんので、ご注意ください。

●MailForm01のダウンロードURL
https://www.php-factory.net/mail/01.php

まずはMailForm01をダウンロードしましょう。左ページのURLにアクセスし、下の方へスクロールすると、いくつか文字コードの違うものが配布されています。本書特典テンプレートはUTF-8を利用しているので、UTF-8版をダウンロードします。

ダウンロードするのはUTF-8版です

解凍すると「mail.php」と「contact.html」のふたつのファイルが入っています。使うのは「mail.php」のみです。
まず「mail.php」を、コンタクトフォームのHTMLファイルと同じ階層に配置します。次に「mail.php」をテキストエディタで開き、必要な箇所を修正していきます。PHPファイル内に書かれたコメントを参考に編集してください。丁寧にコメントで設定方法が書かれているので、よく読んで作業すれば難しいことはありません。

「mail.php」の編集が終わり保存したら、HTMLの編集に移ります。
コンタクトフォームのひな型である「index_contact.html」を複製して適当な名前をつけて下さい。
<form action="" method="post">と書かれている行がありますので、action属性に「mail.php」を指定します。

```
<form action="mail.php" method="post">
```

あとはPHPおよびHTMLファイルをサーバーにアップロードするだけです。PHPは、サーバーにアップロードする前のローカル環境では動作しないのでご注意ください。
実際にコンタクトフォームからメールを送信してみて、正しく受信できれば設置は完了です。

CHAPTER 2 サイトの構成・デザインを考えよう

ヒント !

メールが届かない場合は？
もしもメールが届かない場合は、以下のことを確認してみましょう。

- mail.phpの設定に誤りはないか
- HTMLの記述に誤りはないか
- 迷惑メールフォルダに送信したメールが入っていないか
- 宛先メールアドレスに間違いがないか
- 一度ブラウザキャッシュをクリアして再送信してみるとどうなるか

それでもメールが届かないときは、プログラム配布サイトのQ&Aなどを参照してみてください。

PHPが使えないサーバーでメールフォームを設置したい場合は、メールフォームのレンタルサービスを利用するとよいでしょう。さまざまなサービスがありますが、無料のものでは「FormMailer」と「Googleフォーム」がオススメです。

オススメの無料レンタルメールフォーム

| FormMailer | https://www.form-mailer.jp/index_pattern_movie/ |
| Google フォーム | https://www.google.com/intl/ja_jp/forms/about/ |

ウェブサイトの骨組みを作る
HTMLの基本を知ろう

ウェブサイトを作成するときに必ず必要になるのがHTMLの知識です。ここでは、いよいよHTMLについて学んでいきましょう。難しそう……と構えなくても大丈夫。HTMLの役割やタグ、基本のルールを、サンプルファイルやテンプレートを使いながら進めていきます。基本を理解できるようになれば、テンプレートの編集も楽にできるようになります。

01 | HTMLの役割

LEARNING

HTMLはテキストにタグと呼ばれる目印をつけることで、それぞれの文章に意味を持たせる
マークアップ言語です。キレイでわかりやすいウェブサイトを作るためにはHTMLの知識は大
事。基本からしっかり確認していきましょう。

✔ | HTMLはサイトの本文

HTMLとは、ハイパーテキスト・マークアップ・ランゲージ（Hyper Text Markup
Language）の略称です。マークアップという言葉が入っていることからわかるよう
に、単純なテキスト情報に「タグ」と呼ばれる目印をつけることで、文章に注釈を入れ
てテキスト情報に意味を持たせています。

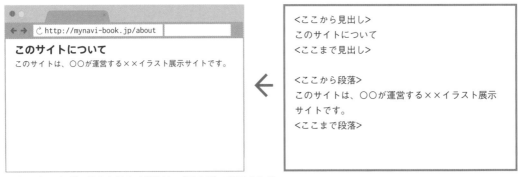

テキストにタグで指定を入れた通りにブラウザで表示される

図3-1-01
HTMLのイメージ図

Chapter1のSTEP05「テンプレートの使い方」（P.029）でも触れたように、サイト
を表示したときに読める文字、見えている画像、ブロック構成などは基本的にすべて
HTMLで表現されています（例外的にCSSやJavaScriptによって表示されるものも
あります）。
テンプレートを使ってサイトを制作する場合、必要な作業のほとんどはHTMLを編集
することです。

表3-1-01　よく使われるタグの例

意味	タグ	働き
見出し	h1,h2,h3...	
段落	p	
リンク	a	クリックすると別のページにジャンプする
画像	img	指定したURLにある画像ファイルを表示する
テーブル	table,tr,td,th	表を作る
リスト	ul,ol,li	リストを作る

※詳細な使い方はChapter3以降でそれぞれ解説します。

✔ タグを適切に使うことが大切

HTMLを書くにあたって大切なことは、それぞれのHTMLタグの意味を理解して、適切に使うことです。

HTMLで書かれた文書は、対応するCSSをあてることによって装飾されます。HTMLの内容がきちんと書かれていなければ、CSSがうまく反映されない場合もあります。また、適切なHTMLタグを使うことで、あとからHTMLを見直したときに内容が理解しやすく、修正も簡単になります。

> ヒント !
>
> 個人で作る趣味サイトの場合はあまり意識する必要はありませんが、適切なHTMLを書くことは、他の人が読んでもわかりやすいということです。仕事で同じHTMLファイルを使って作業する場合などには特に注意しましょう。

こう言われるとなんだか覚えることがたくさんあって大変そうに感じるかもしれません。しかし、実際にサイトで使われるHTMLタグの種類はそう多くはありません。

分からないことがあっても、調べながら取り組めば大丈夫。あまり身構えず、少しずつ慣れて、少しずつ覚えるようにしましょう。

本書では、個人サイトでよく使われるHTMLタグをChapter3のSTEP14「よく使うHTMLタグリスト」（P.115）にまとめて掲載しています。積極的に活用してくださいね。

> ヒント !
>
> 存在するすべてのHTMLタグを全部覚えるのはかなり大変です。まずは基本のタグをしっかり覚えていくところからはじめましょう。

STEP
02 | HTML基本のルール

LEARNING

HTMLタグは半角英数記号でできています。タグの書き方と属性を知るだけでこれまで呪文のように見えていたHTMLがぐっと理解しやすくなります。

✓ | HTMLタグの書き方

HTMLタグは、すべて半角英数記号で書かれています。例として、見出しタグ<h1>と段落タグ<p>からなるシンプルなHTML文書を見てみましょう。

ヒント !

サポートサイトから、「sample.zip」をダウンロードしましょう（P.010を参照）。解凍したフォルダの中に、誌面で扱うサンプルファイルが入っています。

sample/chapter3/ch3_step02_1.html

```
01    <h1>HTMLの基本</h1> ——————— 見出しを意味する<h1>タグ
02    <p> ————————————————— 段落を意味する<p>タグ
03    HTMLは、タグで文書を囲んで意味づけをするマークアップ言語です。
04    </p>
```

見出しと段落だけのシンプルなHTML

✓ 開始タグと閉じタグは基本的にセットで書く

<h1>と</h1>で囲まれた部分が大見出し、<p>と</p>で囲まれた部分が1つの段落として扱われます。<h1>および<p>は開始タグと呼ばれるのに対して、開始タグのタグ名の前に半角スラッシュをつけた</h1>および</p>は閉じタグ、終了タグと呼ばれます。

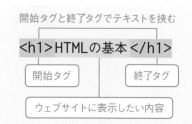

図3-2-01　HTMLの開始タグと閉じタグの関係

ところで「ch3_step02_01.html」の例を見てみると、<h1>タグでは改行せずにタグと本文を1行に収めていますが、段落タグではタグと本文の間で改行していますよね。

HTML文書では、タグの直前や直後に改行を挟んでも、ブラウザ上の見た目には影響がありません。タグの中のテキストが長くなりそうな場合は、見やすくなるように適宜タグの直前・直後で改行するようにしましょう。

また、段落タグ<p>の中など、ブラウザで見たときに文章の途中で改行させたい場合は、改行タグ
を使います。
タグには閉じタグは不要です。

ヒント !

各タグの使い方や役割については後ほど説明していきます。ここでは、HTMLってどういう書き方をするのか？ ということをまず理解していきましょう。

sample/chapter3/ch3_step02_2.html

```
01    <h1>HTMLの基本</h1>
02    <p>
03    HTMLは、タグで文書を囲んで<br> ――――― ここで改行されます。
04    意味づけをするマークアップ言語です。
05    </p>
```

閉じタグの必要ない改行タグの使用例

☑ 情報の追加が必要なタグ

ページにリンクを貼るときに使用する「リンクタグ」<a>や、サイト上で画像を表示するときに使う「画像タグ」<img>など、一部のタグではタグの中にリンク先のアドレスや表示したい画像の指定などを追加して使用するものもあります。これらの情報を入れないと、意図したように機能しません。

さっそく、実際の書き方を見てみましょう。

sample/chapter3/ch3_step02_3.html

```
01    <a href="illust.html">クリックでイラスト展示ページへ</a>
02    <img src="img/flowers.jpg">
```

情報の追加が必要なタグ

```
<a href="illust.html">クリックでイラスト展示ページ</a>
```

情報を追加して指定する

ウェブサイトに表示されるテキスト

```
<img src="img/flowers.jpg">
```

図3-2-02 情報を追加するタグの関係

このように、タグ名の後ろに半角スペースを挟んで、href="〇〇"というようにジャンプさせたいページのありか（パス）を記述することで、タグに情報を付け加えることができます。このとき、<a>タグにとってのhrefのようにタグに追加される情報のことを、属性と呼びます。

属性で指定されている情報を囲っている記号（"）は半角ダブルクオーテーションマークです。シングルクオーテーションマーク（'）ではないので、注意しましょう。

「ch3_step02_03.html」の例では、リンクタグ<a>のリンク先を指定するhref属性で指定している値は「illust.html」です。画像タグ<img>はsrc属性によって、imgフォルダ内にある画像、「flowers.jpg」を表示するように指定されています。

この他にも、タグにはさまざまな属性を指定することができます。指定できる属性の種類は、タグによって異なります。詳しくはSTEP05以降の各タグの解説を参照してください。

✔ 少し特殊な「class属性」と「id属性」

属性にはいろいろなものがありますが、なかでも「class属性」と「id属性」は少し特殊です。特にclass属性は、テンプレートを編集する上で扱うこともあるので、覚えておきましょう。

この2つの属性は、どんな種類のタグにも与えることができます。属性そのものに意味はありませんが、同じ種類のタグを区別して扱う目的で使われます。

sample/chapter3/ch3_step02_4.html

```
01   <p>これは普通の段落です。</p>
02   <p class="red">これはredクラスの段落です。</p>
03   <p id="blue">これはblue IDの段落です。</p>
```

class属性とid属性を使ってタグを区別する例

上記のコードを見ると、<p>タグに「class属性」と「id属性」という異なる属性を指定しているようです。同じ<p>タグを属性によって区別することで、どんなことができるようになるのでしょうか？

実は、タグを区別して特定のクラスを持つ部分だけにCSSのスタイルを適用したり、JavaScriptプログラムの操作対象として選択したりすることができるようになるんです。上のHTMLに対応するCSSファイルの中に次のページのような記述があるとします。

```
sample/chapter3/ch3_step02_4.css

01   .red {
02   color: red;
03   }
04
05   #blue {
06   color: blue;
07   }
```

クラスとIDを指定したCSSの例

```
ch3_step02_4.html
C:/Users/...../chapter3/ch3_step02_4.html
```

これは普通の段落です。

これはredクラスの段落です。

これはblue IDの段落です。

図3-2-03　指定によってブラウザの表示が変わった

このCSSは「redクラスのついているところは文字色を赤に、blue IDのついている
ところは文字色を青にします」という意味です。
「ch3_step02_04.html」と「ch3_step02_05.css」とが対応している場合、1段
落目の「これは普通の段落です。」の部分は普通の文字色で表示されますが、2段落目
の「これはredクラスの段落です。」の部分は文字色が赤になります。さらに3段落目
の「これはblue IDの段落です。」の部分は文字色が青になります。
このように、配布されているテンプレートではあらかじめCSSによってクラスやIDに
スタイルが指定されている場合があります。クラスやIDは、ウェブサイトの装飾には
欠かせません。ぜひ覚えておきましょう。

表3-2-01　classとIDの違い

class	ID
半角スペースで区切ることで 1つの要素に複数個つけられる	原則として 1つの要素につき1つ
同じページ内で重複できる	1つのページに 同じIDは使いまわせない

☑ タグの最後の半角スラッシュ

一昔前に書かれたHTMLを見ると、改行タグ
や画像タグ<img>などの最後に、半角スラッシュが書かれているものがあったりします。過去、個人サイトを作ったことのある方の中にも、改行タグは
と覚えている方もいるかもしれません。

```
01  <br />
02  <img src="img/○○.jpg" />
```

タグの最後に半角スラッシュが入っている例

この記法は間違いなのでしょうか？
現在、主に使われているHTMLは、HTML Living Standardと呼ばれるバージョンです。その前のバージョン、HTML5が登場して主流になる以前はXHTMLと呼ばれる言語が使われていました。
XHTMLには、開始タグと終了タグが必ずペアで存在していなければいけないという、ちょっと面倒なルールがありました。現在のバージョンであれば開始タグだけで機能する改行
タグも、必ず対応する閉じタグ</br>を添えなければならなかったのです。

そこで、このルールを守りながら記述を簡略化するために考案されたのが、
のようなスラッシュを最後に入れる書き方です。これなら開始タグと閉じタグを同時に兼ねることができるため、いちいち
</br>と書かずにすむというわけですね。
HTML Living Standardの記法であれば、
や<img />のように、単独タグの最後にスラッシュを記述する必要はありません。スラッシュが入っていてもタグは機能しますが、現在のバージョンに記法を統一し、スラッシュを入れないようにするのが無難でしょう。

> **ヒント！**
>
> 厳密には、開始タグと終了タグ、タグに挟まれたテキストも含めた全体を「要素」と呼びます。たとえば「<h1>HTMLの基本</h1>」全体は、「h1要素」と呼びます。
> 「属性」などの情報を追加する対象は、正確には「要素」なのですが、本書では理解しやすさを優先して、「タグ」と呼んでいます。

HTMLの基本構成

LEARNING

ウェブサイトの基本構成について、ここではDOCTYPE宣言、<html>タグ、<head>タグ、<body>タグの意味と使い方を覚えていきましょう。

✓ | ウェブサイトのページを構成するHTMLの基本構成

実際にウェブサイトを作るときには、一般的には次のようなHTMLの基本構成が使われます。HTMLを書くときの決まり文句のようなものです。それぞれのタグには意味があるので、覚えておきましょう。

sample/chapter3/ch3_step02_1.html

```
01    <!DOCTYPE html> ――――― ①
02    <html> ――――― ②
03        <head> ――――― ③
04        <title>ページのタイトル</title>
05        <link rel="stylesheet" href="css/styles.css">
06        </head>
07        <body> ――――― ④
08        ここではHTMLの基本構成を解説しています
09        </body>
10    </html>
```

HTMLの基本構成

✓ ① <!DOCTYPE html>

1行目の<!DOCTYPE html>は、DOCTYPE宣言というものです。「この文書ではHTMLを使います」と最初に宣言します。

✓ ② <html> ~ </html>

DOCTYPE宣言の直後に<html> ~ </html>タグが入ります。このタグの中に書かれたものがHTMLであることを示しています。

☑ ③ <head> ～ </head>

<html>タグの中に<head> ～ </head>タグが入ります。<head>タグの中には、タイトルタグなど、メタ情報に関わるタグが記述されます。<head>タグの中に記述されるものは、ブラウザで見たときには表示されません。

> **ヒント !**
>
> メタ情報とは、サイトの名前や簡単な説明文などのことです。メタ情報を記述するためのタグは、メタタグ<meta>といいます。メタタグに書かれた内容はブラウザでは表示されませんが、検索エンジンなどにサイトのメタ情報を渡す役割を果たしています。

```
01  <!DOCTYPE html>
02  <html>
03      <head>
04          <title>ページのタイトル</title>
05          <link rel="stylesheet" href="css/styles.css">
06      </head>
07      <body>
08      ここではHTMLの基本構成を解説しています
09      </body>
10  </html>
```

<head>タグの記述例

<head>タグの中に入る<title> ～ </title>に書かれた文字列は、ブラウザでウェブページを見たとき、タブに表示されるページ名に反映されます。

その次の行の<link>タグは、外部ファイルを読み込むタグです。「cssフォルダ内のstyles.cssをスタイルシートとして読み込んで使いますよ」ということを意味しています。

このように<head>タグ内には、ページの基本的な情報や、ページで使いたい外部ファイルの指定など重要な情報を記述しています。テンプレートからサイトを制作する場合には、自分でこれらのメタ情報を記述する必要はありませんが、これらのタグがどういう意味を持つのかは覚えておきましょう。

図3-3-01
<title>で囲まれた文字列がタブに表示される

本書特典テンプレートでは、HTMLファイルを開いて「SITE NAME」の文字列をあなたのサイト名で一括置換すると、<title>タグも含め、あなたのサイト名を入れるべきところが一度ですべて置換できます。ぜひ活用してください。

表3-2-01　<head>タグ内に記述されるタグの例

タグ	意味
<title>ページのタイトル</title>	ページタイトルの指定
<link rel="stylesheet" href="css/style.css">	スタイルシート（CSS）の読み込み
<script src="js/jquery.js"> </script>	JavaScriptの読み込み
<meta charset="utf-8">	文字コードの設定　<meta>タグにはこのほかにも様々な役割のものがある

※ただし、JavaScriptの読み込みは、</body>閉じタグの直前に挿入される場合もある

☑　④<body> ～ </body>

<head>タグが終わると、続いて<body> ～ </body>タグが書かれます。<body>タグの中には、ブラウザでページを見たときに表示されるページ内容、つまりページの本文が記述されます。HTMLの中でも一般的にコードの量が多くなりやすく、もっとも編集に時間がかかるのが<body>タグ内の記述です。

```
01   <!DOCTYPE html>
02   <html>
03       <head>
04           <title>ページのタイトル</title>
05           <link rel="stylesheet" href="css/styles.css">
06       </head>
07       <body>
08           ここではHTMLの基本構成を解説しています
09       </body>
10
11   </html>
```

<body>タグの記述例

STEP

04 | 最近のウェブサイトの よくあるHTML構成

LEARNING

最近のウェブサイトでよくあるサイト構成と、それぞれのパーツの名前を覚えましょう。ヘッダー、ナビゲーションメニュー、コンテンツ、フッター、サイドバーのそれぞれには、対応するブロック構成用のタグが存在します。

☑ | 最近のウェブサイトのよくあるレイアウト

HTML・CSSの進歩や、デザインの流行の移り変わりにより、現在よく見るウェブサイトのレイアウトも昔とは変わっています。最近のウェブサイトでは、図3-4-01のような2パターンのレイアウトが主流です。それぞれのパーツの名前を覚えておきましょう。

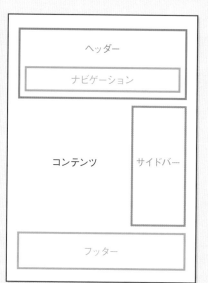

図3-4-01
最近のウェブサイトのよくあるレイアウト

☑ **ヘッダー**

サイトの上部エリアです。サイトタイトルやナビゲーションメニューが入ります。上下スクロールに合わせて上部に固定されてついてくることもあります。ほとんどのサイトでは、ヘッダーの内容はすべてのページで共通です。

☑ **ナビゲーションメニュー**

多くの場合、ヘッダーエリアの中に配置されています。サイトの主なコンテンツへのリンクがまとめられています。ほとんどのサイトでは、ナビゲーションメニューの内容はすべてのページで共通です。

☑ **コンテンツ**

ページの本文です。ページごとに内容が異なります。

☑ **フッター**

サイトの下部エリアです。サイトマップや連絡先、コピーライト表記などが入ります。ほとんどのサイトでは、フッターの内容はすべてのページで共通です。

☑ **サイドバー**

コンテンツの右側、もしくは左側にある細長いエリアです。表示しているコンテンツのナビゲーションメニューなどを表示します。ページによって内容が変わる場合があります。

☑ それぞれのパーツに対応するタグを使う

現在主に使われているHTMLのバージョンでは、それぞれのパーツに対応するタグが用意されています。

表3-4-01　ウェブサイトのパーツに対応するタグ

パーツ	タグ
ヘッダー	\<header\>～\</header\> ※\<head\>と似ているので注意
ナビゲーションメニュー	\<nav\>～\</nav\>
コンテンツ	\<main\>～\</main\>
フッター	\<footer\>～\</footer\>
サイドバー	\<aside\>～\</aside\>
その他汎用タグ	\<div\>～\</div\>、\<section\>～\</section\>等。上記以外のブロック構成によく使われる

本書の特典テンプレートの中の「index_sidebar.html」の中身を見てみましょう。
これらのパーツを組み合わせて作られていることがわかります。

template/BASIC/index_sidebar.html

```
01  <body>
02    <header>                                              <header>
03      <nav id="globalnav">
04        <div class="header-container">
05          <h1 class="logo"><a href="index.html">SITE NAME</a></h1>
06          <button id="menubtn">&#9776;</button>
07          <ul id="navmenu">
08            <li><a href="#">MENU 1</a></li>
09            <li><a href="#">MENU 2</a></li>
10                  ・
11                  ・
12        </nav>                                             <nav>
13    </header>
14
15    <main>                                                <main>
16      <div class="container">
17      <section id="main-visual">
18              ・
19              ・
20          <h2>テンプレート「BASIC」</h2>
21          <p>
22            名前の通り、もっともベーシックなデザインのテンプレートです。<br>
23            上のキャッチ画像を変更したり、背景の色を変更したり、背景に画像を入れることで、
24            オリジナリティがグンとアップします。
25          </p>
26              ・
27              ・
28          <aside>
29            <h2>サイドバーエリア</h2>
30            <p>ここがサイドバーエリアです。
31                 ・
32                 ・
33          </aside>                         <aside>
34    </main>
35
36    <footer>                                              <footer>
```

▶次ページに続く

080

```
37       <div class="footer-container">
38         <p>SITE NAME - since 2021</p>
39       </div>
40     </footer>
41             ・
42             ・
43   </body>
```

「index_sidebar.html」の構成（一部を省略しています）

図3-4-02
サイドバーのあるサイト例

STEP

05 | 見出しタグを使ってみよう

LEARNING

コンテンツの構成を分かりやすくするため、見出しタグを使っていきましょう。

✓ | 見出しタグとは?

ここからは、いよいよHTMLタグの使い方を説明していきます。実際のHTMLを見て、
自分でマネして書いてみたりしながら、少しずつ覚えていきましょう。
Chapter 2のSTEP02「テンプレートの選び方」で選んだテンプレートのフォルダを
開き、「index.html」をテキストエディタで開いてみてください。
テキストファイルの中で\<h2\>と検索すると、「\<h2\>テンプレート「BASIC」
\</h2\>」という記述があります。これが見出しタグです。

template/BASIC/index.html

```
01              ・
02              ・
03          <h2>テンプレート「BASIC」</h2>
04          <p>
```

見出しタグとはその名のとおり、ウェブページ内の見出しを作
成するためのタグです。コンテンツの区切りとなる部分に見出
しを挿入して、サイト上のコンテンツの構成をわかりやすく明
示します。
次ページの図3-5-01のように、見出しタグには、\<h1\>から
\<h6\>までの6種類があります。数字が小さいものほど重要度
の高い見出しです。一般的に見出しタグを適用した部分は、通
常のテキストよりも目立つように表示されます。

> **ヒント !**
>
> 見出しタグで囲んだテキストは、CSS
> を適用しなくてもブラウザで大きく表
> 示されます。さらに見やすくするため
> に、CSSで見出し部分の装飾などの
> デザインを適用してあげましょう(本書
> のテンプレートの見出しタグには既に
> CSSが適用されています)。

原則として、<h1>タグは1つのページに1度しか使いません。※HTML Living Standardでは複数利用可能。
本書で提供しているテンプレートサイトでは、<h1>タグをサイトタイトルの明示に使用しています。そのため、コンテンツ部分に使う見出しタグは<h2>～<h6>になります。
サイトタイトルの表示がないページでは、コンテンツのタイトルの明示に<h1>見出しを使います。

ヒント ！

1ページのなかで<h1>を使えるのは1度きりですが、<h2>から<h6>は何回でも使うことができます。ただし、<h2>が存在しないのに<h4>を使ったり、<h5>から使用したりすることはできません。見出しタグは順番に使用しましょう。

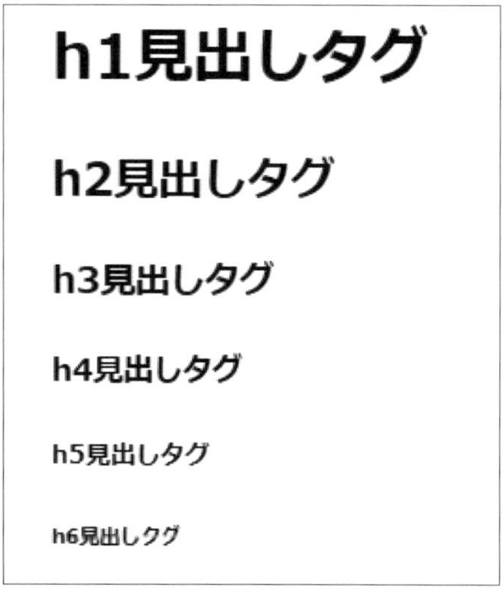

h1見出しタグ

h2見出しタグ

h3見出しタグ

h4見出しタグ

h5見出しタグ

h6見出しタグ

図3-5-01
<h1>～<h6>までの見出しタグ表示の例

template/BASIC/index.html

```
01    <header>
02      <nav id="globalnav">
03        <div class="header-container">
04          <h1 class="logo"><a href="index.html">SITE NAME</a></h1>
05          <button id="menubtn">&#9776;</button>
06            ・
07            ・
08      <section>
09
10          <h2>テンプレート「BASIC」</h2>
11            ・
12            ・
13          <h3>ページサンプル一覧</h3>
```

<h1><h2><h3>…と順番に使用する

h1見出し

h2見出し

h3見出し

図3-5-02
コンテンツの構成を分かりやすくするための見出しタグの使用例

✓ 見出しタグは「文字を大きくする」ためのタグではない

初心者がHTMLを扱うとき、見出しタグを使うと文字が大きく強調して表示されるため、特に見出しなどとは関係のない、通常の文章でも見出しタグを使ってしまうことがあります。しかしこれは、HTMLのマークアップのルールからは外れた使用法であり、望ましくない使い方です。

文章中で文字を大きくしたい、文字の色を変えたい場合は、次のSTEP06「文章をマークアップしてみよう」を参照してください。

STEP
06 | 文章をマークアップしてみよう

LEARNING

HTMLでは基本的にすべてのテキストをタグで囲む必要があります。通常のテキストは段落であることを示す<p>タグで囲みましょう。その他、文字を太くする<strong>タグ、文字を小さくする<small>タグなど、テキストを装飾する各種タグも紹介します。

✔ 見出し、リストなど以外の文章は<p>タグで囲もう

<p>タグとは、段落（paragraph）を示すタグのことです。名前の通り、一段落ごとに<p>タグで囲むことで、文章の塊を表します。通常<p>で囲まれたテキストの前後の行にスペースが表示され、テキストが読みやすくなります。

テキストは必ず何かしらのタグで囲って、そのテキストがどういう役割を持つのかを明らかにしておくのがHTMLの基本的な考え方です。見出しタグなど、特定のタグで囲む必要があるもの以外のテキストは、特に理由がなければ<p>タグで囲って、段落として明示しておきましょう。

sample/chapter3/ch3_step06_1.html

```
01    <p>pタグで囲まれた文章はひとまとまりの塊と認識されます。</p>
02    <p>pタグで囲まれた文章の前後には改行が入ります。</p>
```

<p>タグの書き方

```
ch3_step06_1.html
C:/Users/...../chapter3/ch3_step06_1.html

pタグで囲まれた文章はひとまとまりの塊と認識されます。

pタグで囲まれた文章の前後には改行が入ります。
```

図3-6-01
「ch3_step06_01.html」をブラウザで表示

ヒント ！

**改行の
は多用NG**
文章を改行するとき、
を多用して改行しているサイトがありますが、改行を行う場合はなるべく<p>タグを活用しましょう。パソコンの広い画面に合わせて
タグで文章を改行すると、スマートフォンなどの狭い画面で見たときに、表示がガタガタになり、見にくいサイトとなってしまう場合があります。

✔ 文章を装飾する各種タグ

見出しタグ、リストタグ、段落タグなどの中で使える、文章を装飾するためのタグも存在します。

sample/chapter3/ch3_step06_2.html

```
01      <h3>各テキスト装飾タグの使用例</h3>
02    <p>
03      これは何も装飾されていないテキストです。<br>
04      <small>これがsmallタグです。</small><br>
05      <strong>これがstrongタグです。</strong><br>
06      <del>これがdelタグです。</del><br>
07      <span style="color:red;font-size:22px;">これがspanタグで文字の色と大きさを
08      変更したものです。</span>
09    </p>
```

文章を装飾するタグ

各テキスト装飾タグの使用例

これは何も装飾されていないテキストです。
これがsmallタグです。
これがstrongタグです。
~~これがdelタグです。~~
これがspanタグで文字の色と大きさを変更したものです。

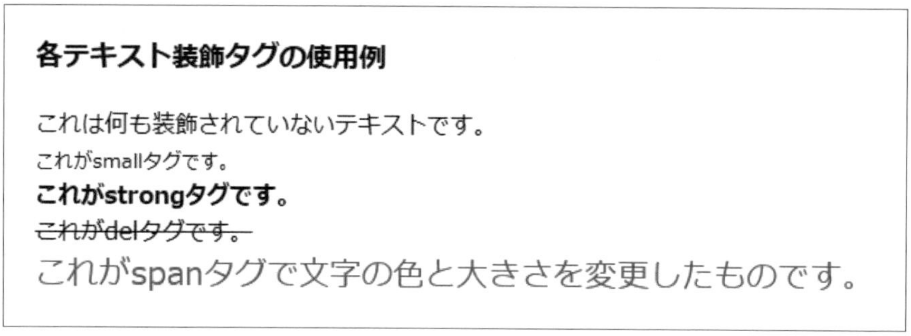

図3-6-02
「ch3_step06_02.html」はブラウザではこのように表示される

✔ <small>タグ
囲った文字を少し小さくします。

✔ <strong>タグ
囲った文字を太字にします。

✓ <del>タグ

削除（delete）タグです。囲った文字に打ち消し線をつけます。

過去にHTMLを勉強した方の中には、打消し線はsタグ、もしくは<strike>タグを使うと覚えている方もいるかもしれません。しかし現在のHTMLでは、<s>タグや<strike>タグは有効ではあるものの非推奨になっているため、<del>タグを使用しましょう。

✓ <span>タグ

<span>タグそのものに特別な意味はありません。文章の中の特定の部分を、1つの塊としてグループ化するために使われるタグです。

文章の中の特定の部分をただ<span>タグで囲うだけでは、何も装飾は施されません。<span>タグの中にstyle属性を追加してスタイルシートを書き込んだり、CSSで装飾を指定されたクラスを与えたりすることで、<span>で囲った部分だけを装飾することができます。スタイルシートの書き方については詳しくはChapter4で解説します。

sample/chapter3/ch3_step06_3.html

```
01  <span style="color:red;font-size:22px;">これがspanタグで文字の色と大きさを変更
02  したものです。</span>
03  <br>
04  <span class="marker">CSSでmarkerクラスがスタイリングされている場合、そのスタイルが適
05  用されます。</span>
```

<span>タグの書き方

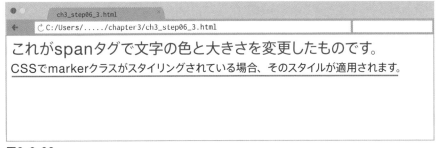

図3-6-03
「h3_step06_03.html」はブラウザではこのように表示される

もっと知りたい！

現在は廃止、
もしくは非推奨になったタグ

過去にHTMLを勉強したことのある方の中には、「文字のスタイルを変えるにはfontタグ」「文字を中央寄せしたいときにはcenterタグ」と覚えている方もいるかもしれません。しかし、これらのタグの中には、現在の主流であるHTMLにおいては廃止、もしくは使用非推奨とされているものもあります。

よく使われるタグの中で、既に廃止もしくは非推奨になったタグをまとめました。代わりに使えるタグも一緒にまとめていますので、参考にしてみてください。

廃止もしくは非推奨になったタグ	代替タグ
fontタグ	spanタグ
uタグ	spanタグ （style="text-decoration: underline"）
sタグ、strikeタグ	delタグ
bigタグ	spanタグ
centerタグ	pタグ（style="text-align:center;"）

✓ フレームタグってもう使えないの？

平成中期ごろのサイトでよく見かけたのが、フレームを使ったレイアウト。フレームとは、1つのページを縦や横に分割し、それぞれのエリアで別々のHTMLを読み込ませて表示させる仕組みです。グローバルナビを表示するエリアと、コンテンツを表示するエリアとでフレームを分けて表示させるサイトを多く見かけることができました。

現在使われているHTMLでは、フレームタグは廃止されています。といっても、現行のブラウザで表示されないわけではありません。ただ、今後いつか正常に表示できなくなる可能性があるため、使用は控えるのが良いでしょう。

STEP

07 | 画像を表示してみよう

LEARNING

画像は、イラストや写真など、個人サイトを作る上で欠かせないメインコンテンツとなる要素です。サイトの主役ともなる部分ですので、しっかり基本を覚えましょう。

✔ | **\<img\>タグで画像を表示しよう**

画像を表示するには、\<img\>タグを使って表示したい画像のパスをsrc属性（ソース、source）に指定します。例えば、imgフォルダに入っている「london1.jpg」を表示する\<img\>タグは、以下のようになります。

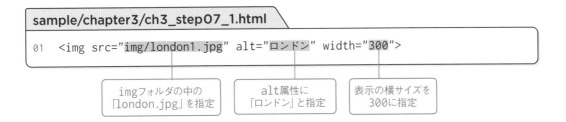

sample/chapter3/ch3_step07_1.html

```
01    <img src="img/london1.jpg" alt="ロンドン" width="300">
```

imgフォルダの中の「london.jpg」を指定　alt属性に「ロンドン」と指定　表示の横サイズを300に指定

✔ **alt属性で画像の説明を追加する**

\<img\>タグには、src属性の他に、alt属性も指定します。alt属性とは、何らかの理由で指定した画像が表示できなかった場合に表示する、代替テキストを指定するための属性です。また、目の不自由な人がページを閲覧するときなど、読み上げ機能を使ってサイトを閲覧するときには、\<img\>タグ内のalt属性に書かれた情報が読み上げられます。alt属性には、画像の内容を簡単に説明するテキストを記述します。

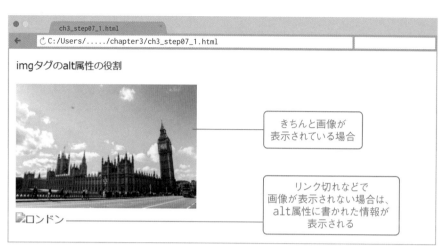

imgタグのalt属性の役割

きちんと画像が
表示されている場合

リンク切れなどで
画像が表示されない場合は、
alt属性に書かれた情報が
表示される

🖼ロンドン

図3-7-01 「ch3_step07_01.html」をブラウザで表示

✔ width属性、height属性で画像の大きさを指定する

<img>タグには、width属性、およびheight属性を指定して、表示する大きさを変更することができます。width属性は画像の横の大きさ、height属性は画像の縦の大きさを指定します。いずれも単位はpxです。画像を原寸大のままで表示したい場合には、width属性、height属性は指定する必要はありません。

レスポンシブ対応を考慮すると、特別な理由がない限りheight属性は指定せず、width属性のみを指定するのがよいでしょう。両方の属性を指定してしまうと、ページの閲覧環境によっては画像の縦横比が崩れて表示されてしまう場合があります。width属性だけを指定しておけば、縦横比を保ったまま横の大きさに応じて縦の大きさも拡大・縮小されます。

↑width属性指定なし（300px平方の画像）

↑ width="200" を指定した同じ画像

図3-7-02 width属性を指定して、画像の大きさを変更した例

☑ | テンプレートサイトに用意した画像を追加してみよう

自分で描いたイラストや写真を加えるだけで、テンプレートサイトがぐっと「自分だけのサイト」に近づきます。
<img>タグを使う練習も兼ねて、テンプレートサイト上に用意したイラストや写真を表示してみましょう。

☑ 表示したい画像を用意する

今回は、イラストもしくは写真を展示ページに表示するつもりで作業してみましょう。展示ページに表示できる画像の最大横幅は930pxですが、横幅が930pxより大きい画像を張り付けた場合でも、縦横比を保ったままはみ出さないように自動で縮小される仕組みになっています。Chapter2のSTEP04（P.058）で解説したとおり、できれば930pxより少し大きい、最大横幅1200px程度までのJPG形式の画像を用意しましょう。

画像の名前も決めておきましょう。画像ファイルに限ったことではありませんが、ファイルの名前は半角英数記号でつけるのが望ましいです。ファイル名に全角英数字や日本語を使うと、ファイル名の文字化けが起きたり、場合によってはサーバー上でうまく認識されず、ファイルが認識されなくなることがあります。
画像の名前のつけ方にルールはありませんが、自分がわかりやすい名前にするのがよいでしょう。例えば、画像を作成した日付「20210618.jpg」にするとか、ジャンル名に連番をつけて「○○○○-001.jpg」のようにしてもよいでしょう。

☑ imgフォルダに画像を入れよう

画像はすべてimgフォルダにまとめておきましょう。ファイル一覧が整理されてスッキリします。
imgフォルダに画像を入れた場合、画像の名前が「001.jpg」なら、srcの指定は「img/001.jpg」になります。ファイルの指定の方法について、詳しくはChapter3のSTEP8で解説しています。

☑ HTMLファイルを編集する

イラストなどの画像を展示するためのサンプルページは、「noheader_image.html」です。これをテキストエディタで開いてみてください。

```
01    <p class="center">
02        <img src="img/sample.jpg" alt="イラストの説明">
03    </p>
```

イラストを表示する部分のHTML

37行目のあたりに、上記のような記述がありますね。<p>タグに与えられているcenterクラスには、画像を左右中央に寄せる働きがあります。

src属性の「sample.jpg」の部分を、あなたが画像につけた名前に変更してください。同様にalt属性には、画像の簡単な説明を入力しましょう。alt属性の中ではタグなどを使うことはできないので、ご注意ください。

書き換えたらファイルを保存して、ブラウザで表示してみます。保存したファイルを右クリックし、「プログラムから開く」でブラウザを指定します。もしくは、すでに立ち上がっているブラウザのウインドウにファイルをドラッグ＆ドロップしてもOKです。

☑ 自分の画像が表示された！

自分の選んだ画像が表示されたでしょうか？　もしも表示されない場合は、以下のリストを上から順番に確認してみてください。

- 画像が正しい名前でimgフォルダに入っているか確認する。
- タグの打ち方や、srcの指定（ファイルの名前）が間違っていないか確認する。
- ブラウザのキャッシュをクリアしてみる。

STEP

リンクを貼ろう

LEARNING

ページのリンクは、サイト内を自由に行き来したり、外部のサイトにつないだりする大切な機能です。ここではリンクの貼り方だけでなく、相対パス、絶対パスについても解説します。

☑ <a>タグでリンクを貼ろう

クリックすると別ページへジャンプするリンクを設置するには、<a>タグを使います。<img>タグと同様に、ジャンプする先のページを指定しなければいけませんが、<a>タグではこれをhref属性で指定します。また、<a>タグで囲む部分は文字列だけでなく、画像を使うこともできます。

sample/chapter3/ch3_step08_1.html

```
01  <p>●リンクを貼る方法</p>
02      <a href="sample.html">マイナビブックス</a>で書籍を検索する
03                              テキストを<a>タグで囲み、外部URLを指定した
04  <p>●画像にリンクを貼る</p>
05      <a href="sample.html"><img src="img/ch3_step08_sample.jpg"></a>
06                              画像を<a>タグで囲み、外部URLを指定した
07  <p>●リンク先のページを別のタブで開く</p>
08      <a href="sample.html" target="_blank">マイナビブックス</a>で書籍を検索する
```

<a>タグの使用例

「target="_blank"」を追加して別タブでリンクが開くよう指定した

ヒント！

リンク先のページに、新しいタブを開いてジャンプさせたい場合は、target属性に「_blank」を指定します。blankの前に半角アンダーバーが必要ですので、ご注意ください。

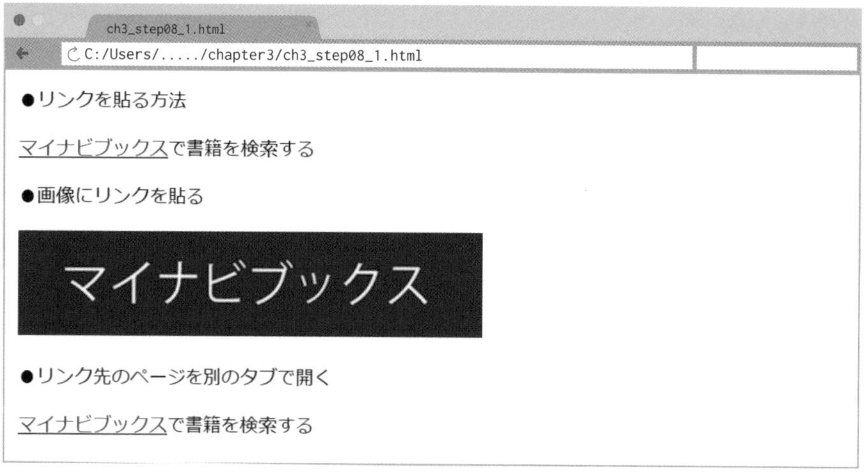
ch3_step08_1.html
C:/Users/...../chapter3/ch3_step08_1.html
●リンクを貼る方法
マイナビブックスで書籍を検索する
●画像にリンクを貼る
マイナビブックス
●リンク先のページを別のタブで開く
マイナビブックスで書籍を検索する

図3-8-01
「ch3_step08_01.html」をブラウザで表示。リンク部分のテキストは青くなっている

アドレスの指定のしかた

リンク先のアドレスの指定のしかたには、2通りあります。<a>タグだけではなく、<img>タグのsrc属性の指定や、<link>タグのスタイルシート指定など、別のファイルを参照するすべての例に関係することなので、覚えておきましょう。

同一サーバー内でのみ有効な「相対パス」

「ch3_step08_01.html」の例ではリンク先を「sample.html」のように、単純にファイル名だけを指定しています。このような参照先の書き方を相対パスと呼びます。この例では、このコードが書かれているファイルと、参照先である「sample.html」が、同じフォルダ階層に存在していることが前提になっています。

フォルダ階層が違うところにあるファイルを参照したい場合は、書き方が少し変わります。例えば、現在のフォルダの1つ上の階層にある「sample.html」を参照したい場合は「../sample.html」になります。逆に、現在のフォルダの中に「illust」フォルダがあって、その中にある「sample.html」を参照したい場合は、「illust/sample.html」になります。

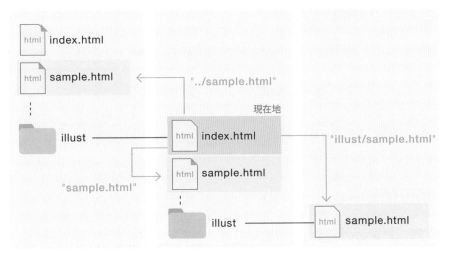

図3-8-02
相対パスの指定のしかた

相対パスは、参照先のファイルが同じサーバー内にある場合にのみ有効です。編集中の
ファイルから見た参照先ファイルの位置を書く必要があるため、フォルダ階層の違う
ファイルを参照する場合には少しややこしくなります。
ただ、相対パスでリンクを繋いでいる場合、指定アドレスが短くて済むことや、サー
バーの引っ越しなどで自分のサイトのURLが変わっても、リンク先アドレスを修正し
なくてもよいという利点があります。

✔️ どんな場合にも使えるのが「絶対パス」

サーバーが同じかどうかにかかわらず使えるのが絶対パスです。絶対パスとは、
「http://」（もしくは、「https://」）から始まる、サーバーのドメインを含んだURLの
ことです。

sample/chapter3/ch3_step08_2.html

```
01    <p>●絶対パスでリンクを貼る方法</p>
02        <a href="https://book.mynavi.jp/">マイナビブックス</a>で書籍を検索する
```

<a>絶対パスの使用例

サーバーが異なる外部サイトへのリンクは絶対パスでしか繋ぐことができません。また、
同じサーバーの別ページへのリンクも絶対パスで繋ぐことができるため、相対パスより
は参照先の記述がややこしくなくて済みます。

☑ 相対パスと絶対パスの使い分けは？

相対パスと絶対パスの使い分けに明確なルールはありません。やりやすいと思う方法で使い分けて構いません。

オススメは、CSSやJavaScriptなど、すべてのページで共通して読み込んでいるファイルだけ絶対パスで指定する方法です。例えば、新しくフォルダを作ってその中にHTMLを複製した場合、相対パスで指定していると、いちいちCSSやJavaScriptの参照先アドレスに「../」を付け足す必要が出てきます。絶対パスで参照していれば、いちいちこのような修正をしなくて済むので、フォルダを作ってHTMLをキレイに管理するのが少しラクになります。

☑ 同じページ内の特定部分にもリンクを貼れる

<a>タグは、別ページへジャンプさせるだけではなく、現在見ているページの中の特定の部分へジャンプさせることもできます。

ジャンプさせたいところにID属性を指定し、<a>タグのhref属性にはID名の前に半角#をつけたものを指定します。すると、リンク文字列をクリックしたときに、ID属性がjumpの箇所までスクロールさせることができます。

別ページの特定部分へジャンプさせるには、href属性に、ジャンプ先のアドレスと、スクロールさせたいID属性を連続させて記述します。

同じページの中でジャンプさせるリンクの例

```
01    <a href="#jump">リンク文字列をクリックすると</a>
02              :
03              :
04    <h2 id="jump">ここにスクロールします</h2>
```

STEP

09 | リストタグを活用しよう

LEARNING

箇条書きや連番付きのリストは、リストタグを使って表示しています。ウェブサイトで使える
リストタグは主に3種類あります。`<ul>`タグは、グローバルメニューでも使われていることが
多い頻出タグです。

☑ | リストタグは主に 3 種類

HTMLには、リストを作って表示するためのタグが主に3種類あります。それぞれ用
途や使い方が違います。

・順番のない箇条書きリストタグ`<ul>`
・連番付きの箇条書きリストタグ`<ol>`
・定義リストタグ`<dl>`

1つずつ順番に、使い方を解説します。

☑ | グローバルメニューにもよく使用される、`<ul>`タグ

順番のないリストタグ、Unordered Listの略で`<ul>`タグです。このタグは汎用性が
高く、最近のウェブサイトではグローバルメニューも`<ul>`タグで作られているものが
ほとんどです。
`<ul>`タグは、List Itemの略の`<li>`タグを中に入れる形で使います。

`<ul>`タグの開始タグと閉じタグを書き、その中にリストアイテムを記述します。リス
トアイテムは1つずつ`<li>`タグで囲みます。
`<ul>`タグでリストを作ると、それぞれのリストアイテムの前に黒丸などの装飾がつき
ます。この装飾は、CSSによって種類を変更したり、なくしたりすることもできます。

CHAPTER 3

ウェブサイトの骨組みを作る　HTMLの基本を知ろう

```
01  <ul>
02      <li>君といた夏（1）</li>
03      <li>君といた夏（2）</li>
04      <li>君といた夏（3）</li>
05  </ul>
```

<ul>タグの中にリストにしたいものを
<li>タグで囲んで入れる

<ul>タグの使い方

図3-9-01
「ch3_step09_1.html」を
ブラウザで見たとき

また、リストは入れ子構造にもできます。

```
01      <ul>
02          <li>
03          長編小説1
04              <ul>
05              <li>君といた夏（1）</li>
06              <li>君といた夏（2）</li>
07              <li>君といた夏（3）</li>
08              </ul>
09          </li>
10          <li>長編小説2</li>
11          <li>長編小説3</li>
12      </ul>
```

<ul>タグは入れ子にできる

リストの入れ子構造

図3-9-02
「ch3_step09_2.html」を
ブラウザで見たとき

098

「長編小説1」を囲んでいる<li>タグの中に<ul>タグが入っていて、さらにその<ul>タグの中に<li>タグが入っています。

また、<li>タグの中でタグを使うこともできます。<a>タグでリンクを貼ったり、
タグで改行したり、<strong>タグで太字にしたりすることも可能です。

✔ 本書特典テンプレートで**<ul>**が使われているパーツについて

本書特典テンプレートでは、以下のパーツにおいて<ul>タグが使われています。

・グローバルメニュー（ヘッダーのあるすべてのページ）
・イラストサムネイル画像リスト（index.htmlおよび作品一覧ページサンプル）
・ページネーション（イラストページ、小説ページ）

それぞれのパーツを装飾するために、<ul>タグに固有のclass属性がつけられていますが、基本的な使い方は上記に書いたとおりです。

<a>タグや<img>タグが入っているため少しごちゃごちゃして見えますが、これまで説明してきたそれぞれのタグの使い方や役割を理解できていれば、あまり難しいことはありません。

グローバルメニューの編集方法については、Chapter3のSTEP12「サイトのメニューを編集してみよう」（P.108）にて詳しく解説します。

ヒント ❗

> イラストサムネイル画像リストの編集方法だけ、少し特殊な部分があるので、初めて編集するときには、Chapter2のコラム「大量の画像を展示したいときのTips」（P.060）を参照してください。

✔ 番号付きのリストが作れる、<ol>タグ

連番付きリスト、Ordered Listの略で<ol>タグです。タグの使い方は<ul>と同じです。<ol>の開始タグと閉じタグを記述し、その中にリストアイテムを<li>でそれぞれ囲んで記述します。<li>の中にさらに<ol>リストを入れてもOKです。

sample/chapter3/ch3_step09_3.html

```
01        <ol>
02            <li>君といた夏</li>
03            <li>君といた夏</li>
04            <li>君といた夏</li>
05        </ol>
```

<ol>タグの使い方

ch3_step09_3.html
C:/Users/.....chapter3/ch3_step09_3.html

1. 君といた夏
2. 君といた夏
3. 君といた夏

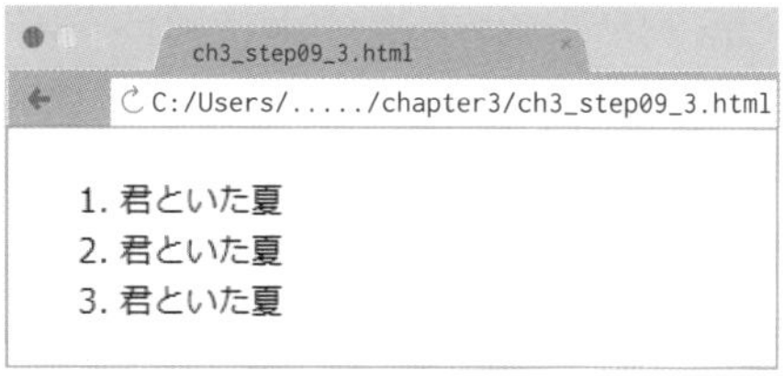

図3-9-03 「ch3_step09_3.html」を
ブラウザで見たとき

<ul>タグと異なる点は、リストアイテムの前につくのが1から始まる連番ということ
です。テンプレートによって数字の装飾は異なる場合があります。

☑ | 見出しと説明文がワンセットになる**<dl>タグ**

<dl>タグは定義リスト、Definition Listの略です。<ul>や<ol>のような箇条書き
リストではなく、定義したい言葉とその説明をセットにして並べます。
<dl>タグの中に、定義したい言葉を<dt>タグで囲み、その言葉の説明を<dd>タグ
で囲んで記述します。

sample/chapter3/ch3_step09_4.html

```
01    <dl>
02        <dt>長編小説1</dt>
03            <dd>2人の出会いについて。シリアス重め。</dd>
04        <dt>長編小説2</dt>
05            <dd>オールキャラ。明るいのを読みたいという方に！</dd>
06    </dl>
```

<dl>タグの使い方

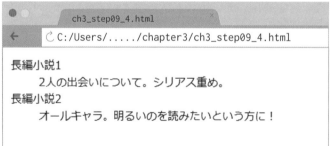

図3-9-04
「ch3_step09_4.html」を
ブラウザで見たとき

<dl>タグ、<dt>タグ、そして<dd>タグの中では、他のタグを使うこともできます。
<a>タグでリンクを貼ったり、
タグで改行することもできます。

STEP

10 | テーブルタグで表を作ってみよう

LEARNING

表を作るのに欠かせないテーブルタグ。初心者がイチから作成するのは大変なので、ツールを
使って作成し、中身を確認することで理解を深めていきましょう。

✓ | **複雑なテーブルタグはツールでサクッと作成！**

表を作るのに欠かせないのがテーブルタグ<table>ですがこのタグはなかなかの曲者
で、初心者が使い方を覚えてイチからタグを書くのはとても大変です。
そこで、ブラウザ上でカンタンにテーブルタグを生成できる「テーブルタグジェネレー
ター」を紹介します。このツールを使えば、セルが多くて複雑なテーブルでも、簡単に
タグを生成することができます。

●テーブルタグジェネレーター
　URL：https://tabletag.net/ja/

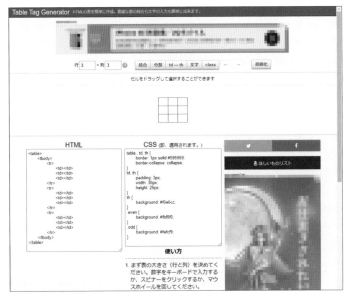

図3-10-01
テーブルタグジェネレーターのサイト

使い方は簡単です。作りたいテーブルの行数と列数を入力し、見出しセルにしたいところを選択して「td←→th」ボタンをクリックするだけ。セルの結合や分割もワンタッチするだけなので、誰でもすぐに表を作ることができます。生成されたHTMLをコピーし、テーブルを表示したいところに貼り付けたらあとはテーブルの中身を入れていくだけです。

図3-10-02 テーブルの作り方

では、テーブルタグの中身を記述するため、テーブルタグの基本を学んでいきましょう。

☑ | テーブルタグの基礎

テーブルタグ<table>には、さまざまなタグが入れ子構造となって入れられます。

sample/chapter3/ch3_step10_1.html

```
01    <table>
02      <tbody>
03        <tr>
04          <th>見出しセル1</th>
05          <th>見出しセル2</th>
06          <th>見出しセル3</th>
07        </tr>
08        <tr>
09          <th>見出しセル4</th>
10          <td>データセル</td>
11          <td>データセル</td>
12        </tr>
13        <tr>
14          <th>見出しセル5</th>
15          <td>データセル</td>
```

▶次ページに続く

```
16              <td>データセル</td>
17          </tr>
18      </tbody>
19  </table>
```

見出しセル1	見出しセル2	見出しセル3
見出しセル4	データセル	データセル
見出しセル5	データセル	データセル

図3-10-03
「ch3_step10_1.html」を
ブラウザで見た例

※ 実際には、表の枠線や背景色などがないシンプルな表が表示されます。ここでは、わかりやすさを優先して枠線、背景色を入れています。

表3-10-01　テーブル関連タグの使い方

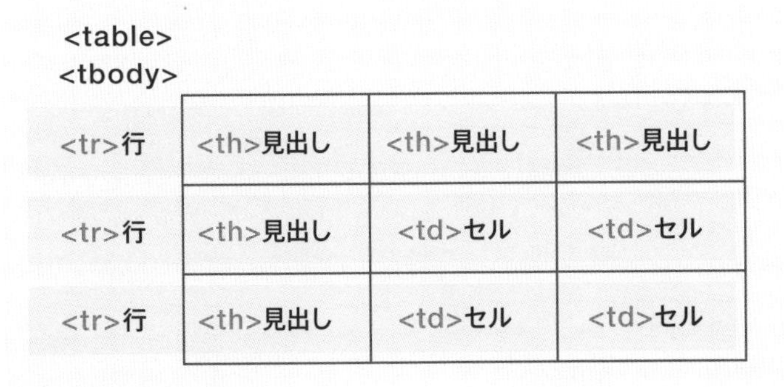

<table>	テーブル全体を囲むタグ
<tbody>	テーブルのボディ部分を囲むタグ。書かなくてもOK
<tr>	テーブルの横1行を囲むタグ。Table Rowの略
<th>	見出しに相当するセル。Table Headerの略
<td>	データが入るセル。Table Dataの略

<table>
<tbody>

<tr>行	<th>見出し	<th>見出し	<th>見出し
<tr>行	<th>見出し	<td>セル	<td>セル
<tr>行	<th>見出し	<td>セル	<td>セル

図3-10-04
テーブル関連タグの役割

HTMLに書かれたタグと、実際に表示されるテーブルをよく見比べてみてください。
<tr>タグで囲まれている部分が、表の1行に相当します。最初の<tr>タグが1行目、
2番目の<tr>タグは2行目です。
<tr>タグで囲まれている中身の、最初に書かれているセルは一番左のセルで、次に書
かれているセルはその右側のセルで……という構造になっています。

✔ セルを結合する

では、セルを結合した場合は、タグはどのようになるでしょうか。

sample/chapter3/ch3_step10_2.html

```
01    <table>
02        <tbody>
03            <tr>
04                <th colspan="3">見出しセル横</th>
05            </tr>
06            <tr>
07                <th rowspan="2">見出しセル縦</th>
08                <td>データセル</td>
09                <td>データセル</td>
10            </tr>
11            <tr>
12                <td>データセル</td>
13                <td>データセル</td>
14            </tr>
15        </tbody>
16    </table>
```

セルを結合したテーブルタグの例

見出しセル横		
見出しセル縦	データセル	データセル
	データセル	データセル

図3-10-05
「ch3_step10_2.html」を
ブラウザで見た例。見出しが結合された

※ 実際には、表の枠線や背景色などがないシン
　プルな表が表示されます。ここでは、わかりや
　すさを優先して枠線、背景色を入れています。

横にセルを結合する場合、対応する<th>もしくは<td>タグに、colspan属性を与え、いくつぶんのセルを結合するかを数字で記述します。この例では横に並んだ３つのセルを結合するため、colspan="3"と書かれています。

縦にセルを結合する場合は、対応する<th>もしくは<td>タグに、rowspan属性を与えて、結合するセルの数を記述します。

いずれの場合も、結合することで不要になるセルの<th>もしくは<td>タグは削除します。この例では、テーブルの１行目の<tr>タグ内でふたつの<th>タグが削除されていますし、テーブルの３行目の<tr>タグ内で<th>タグが1つ削除されています。

形が複雑なテーブルを作ろうとすると、自分でタグを書くのは少し大変そうなのが分かりますね。でも今は、有志の方がいろいろな便利なツールを作って公開してくれています。どんどん活用していきましょう。

✔ テンプレートで表をいじってみる

本書特典テンプレートの「noheader.html」の下の方に、テーブルタグで作った表のサンプルがあります。実際に行や列を増やしてみたり、セルを結合してみたりして、テーブルタグへの理解を深めてみてください。

またテンプレートはレスポンシブ対応のため、<table>タグをさらに「table_wrapper」クラスのついた<div>タグで囲んでいます。通常のテーブルは、スマホなどの小さな端末でページを見たとき、テーブルが横に潰れてとても見づらくなってしまいます。この<div>タグで<table>タグ全体を囲むことで、小さな端末で見たときにも表が横に潰れず、横にスクロールして全体を見ることができるようになります。

STEP 11 | コメントを活用して 分かりやすいHTMLを書こう

LEARNING

コメントアウトを使うと、ブラウザ上では表示されないメモ書きをHTMLに残しておくことができます。慣れないうちはHTML編集の補助として活用しましょう。

✓ | **コメントとは、メモ書きのようなもの**

コメントとは、HTMLファイルに書かれているけどブラウザからは見えないという特徴を持つ、メモ書きのようなものです。

本書特典テンプレートのHTMLファイルをプログラミング用テキストエディタで開くと、灰色の目立たない文字色で注釈が書かれている部分があります。それがコメントです。

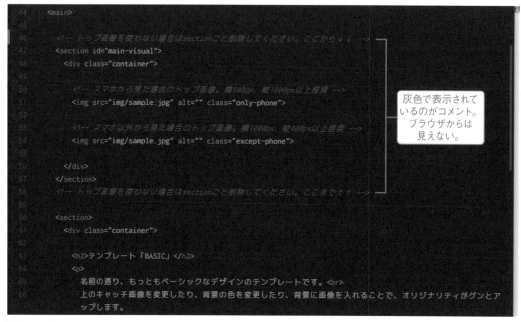

灰色で表示されているのがコメント。ブラウザからは見えない。

図3-11-01
テキストエディタ「Atom」でHTMLのコメントを見た画面。
テキストエディタの種類や設定によってコメントの色は異なります

```
01    <!-- ここに書いたテキストはブラウザで見たときには表示されません  -->
```

HTMLでのコメントの書き方

☑ | コメントの活用例

いくつものタグが入れ子構造になっているとき、閉じタグがどの開始タグに対応しているのか、ぱっと見たときに分かりにくくなる場合があります。そのような場合に、閉じタグがどこの閉じタグなのかを示すために、コメントを活用する場合があります。

```
01    <!-- fuwaimgを利用したギャラリーサンプル。ここから↓↓   >
02    <section>
03      <div class="container">
04      （中略）
05      </div>
06    </section>
07    <!-- fuwaimgを利用したギャラリーサンプル。ここまで↑↑  -->
```

閉じタグが何に対応しているのかをコメントで示す例

その他にも「このタグは今は必要ないけど、後でまた使いたくなるかもしれない」という場合に、いったんタグをコメントアウトしておいて、必要になったときにコメントを解除してブラウザで見られるようにする、という使い方もできます。

```
01    <!--
02      <dl class="update">
03        <dt>2021.00.00</dt>
04        <dd>更新内容更新内容更新内容。</dd>
05        <dt>2021.00.00</dt>
06        <dd>更新内容更新内容更新内容。</dd>
07      </dl>
08    -->
```

今は使わないコードをいったんすべてコメントにする例

12 | サイトのメニューを
編集してみよう

LEARNING

Chapter2のSTEP1で作ったサイトマップをもとに、サイトのメニューを編集してみましょう。メニュー部分はサイトのすべてのページで共通のパーツです。できたコードをテンプレートの他のファイルのメニュー部分にコピペすれば、あなたのサイトのひな型が出来上がりです。

☑ | サイトのグローバルメニューは**<ul>**で作られている

多くのサイトで、グローバルメニューは<ul>タグで作られています。本書特典テンプレート「BASIC」の場合は、navmenu IDが割り振られた<ul>がグローバルメニューにあたります。ここでは実際にテンプレートを自分のサイトメニューに書き換えてみましょう。

template/BASIC/index.html

```
01  <ul id="navmenu">
02      <li><a href="#">MENU 1</a></li>
03      <li><a href="#">MENU 2</a></li>
04      <li><a href="#">MENU 3</a>
05          <ul>
06            <li><a href="#">MENU 3-1</a></li>
07            <li><a href="#">MENU 3-2</a></li>
08            <li><a href="#">MENU 3-3</a></li>
09          </ul>
10      </li>
11  </ul>
```

ピンク色にハイライトされているところが、あなたの書き換えが必要な場所です。

テンプレートではリストの入れ子を作っていますが、必要なければ削除して構いません。

グローバルメニュー部分のHTML

Chapter2のSTEP01「どんなページが必要？」(P.046) では、サイトマップを作りながら、必要なページとそのファイル名を決めましたね。このサイトマップに従って、メニューを作っていきましょう。

グローバルメニュー部分はすべてのページで共通のパーツです。最初にメニュー部分を

作っておいて、そのファイルを複製してページを増やせば、メニュー部分のタグをコピペする手間が省けます。

一見すると少し複雑なタグに見えるかもしれませんが、ここまでで学んだことをきちんと理解できていれば、そんなに難しいことはありません。自分のサイトのメニューの数にあわせて<li>タグを増減させて、リンク先アドレスとリンク文字列を書き換えるだけです。

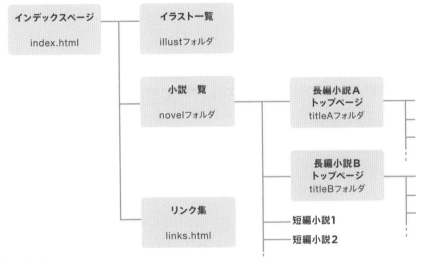

図3-12-01
サイトマップの例

例えばサイトマップが上記のような形なら、グローバルメニューは以下の通りになります。

```
sample/chapter3/ch3_step12_1.html

01  <ul id="navmenu">
02      <li><a href="illust/index.html">ILLUST</a></li>
03      <li><a href="novel/index.html">NOVEL</a>
04          <ul>
05              <li><a href="novel/titleA/index.html">長編小説A</a></li>
06              <li><a href="novel/titleB/index.html">長編小説B</a></li>
07          </ul>
08      </li>
09      <li><a href="links.html">LINKS</a></li>
10  </ul>
```

ピンクのハイライト部分が
書き換えが必要な箇所です

グローバルメニューの例（1）

CHAPTER 3
ウェブサイトの骨組みを作る　HTMLの基本を知ろう

ただし、このようにフォルダ階層を作る場合は、グローバルメニューのリンク先には注意しましょう。リンク先アドレスを相対パスで書くと、フォルダ階層が変わるごとにリンク先アドレスを修正する必要があるので、http://から始まる絶対パスを書くことをオススメします。

また上の例では、NOVELのサブメニューにふたつの長編小説の目次ページへのリンクを追加していますが、サブメニューを使わなくてもOKです。このあたりは好みですので、しっくりくるやり方を探してみてください。

sample/chapter3/ch3_step12_2.html

```
01   <ul id="navmenu">
02       <li><a href="illust/index.html">ILLUST</a></li>
03       <li><a href="novel/index.html">NOVEL</a></li>
04       <li><a href="links.html">LINKS</a></li>
05   </ul>
```

グローバルメニューの例 (2)

図3-12-02
グローバルメニューが変更できた

STEP

13 | ブロックを増やしたり減らしたりしてみよう

LEARNING

<section>タグや<div>タグからなるボックスを増やしたり、減らしたりすることで、より理想のサイトレイアウトを組んでみましょう。本書特典テンプレートでは、<section>タグでコンテンツの内容を区切っています。

☑ | <section>タグのブロックを活用しよう

ここまでで、頻出タグの使い方を一通り理解できたかと思います。次はブロックを増やしたり、減らしたりしてみましょう。

本書特典テンプレートにおいて、利用者が自由に増やしたり減らしたりできる一番大きいブロックは、<section>タグです。テンプレート「BASIC」の場合、コンテンツが薄いグレーの線で区切られていますが、この区切られているひと塊が1つの<section>タグになります。

> **ヒント！**
>
> **ブロックとは？**
> <div>タグや<section>タグなどで囲まれた、コードのひとかたまりのことです。

> ここからここまでが
> <section>タグ1つ

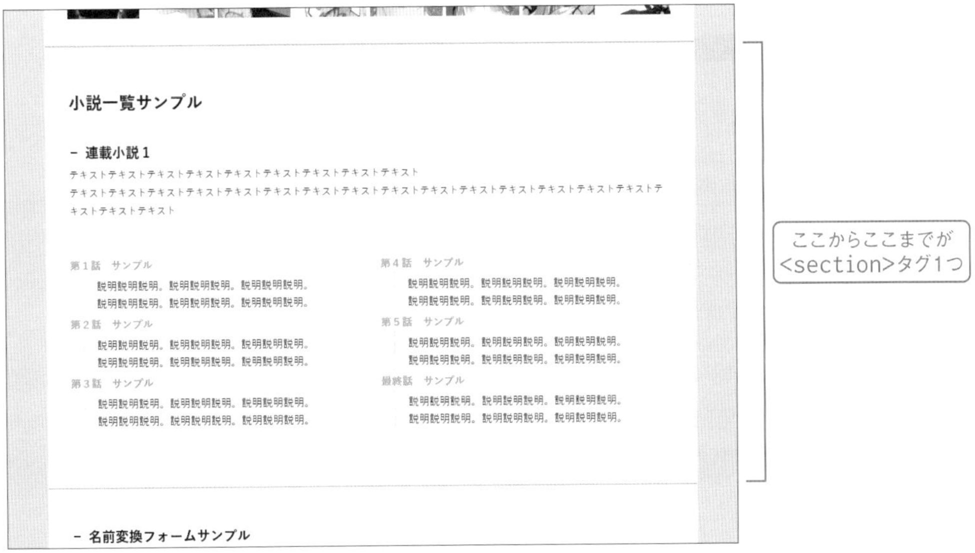

図3-13-01　テンプレート「BASIC」の<section>タグ1つぶんの範囲

テンプレートでは、<section>タグの中にいろいろなタグが入っているため、<section>タグの開始タグと対応する閉じタグを間違えやすくなっています。削除するときは注意してください。

コンテンツの内容が切り替わるところで<section>ブロックを閉じ、新しい<section>ブロックを開始する使い方がオススメです。

☑ 2カラム、3カラムの横並びブロックを活用しよう

本書特典テンプレートでは、2カラムおよび3カラムの横並びブロックを使うことができます。カラムとは段組みのことで、2カラムレイアウトであれば2段組みのレイアウトのことをいいます。テンプレート内の「noheader.html」に、実際のタグの使用例があります。

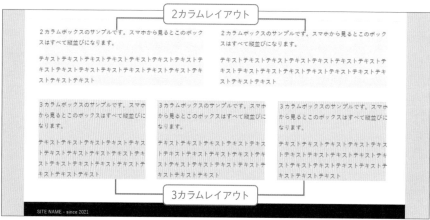

図3-13-02
各カラムボックスをパソコンから見た場合

template/BASIC/noheader.html

```
01    <!-- 2カラムボックス。ここから↓↓ -->
02    <div class="flex">
03        <div class="col-2">
04            左のカラムの内容
05        </div>
06        <div class="col-2">
07            右のカラムの内容
08        </div>
09    </div>
```

▶次ページに続く

```
10    <!-- 2カラムボックス。ここまで↑↑ -->
11
12    <!-- 3カラムボックス。ここから↓↓ -->
13    <div class="flex">
14        <div class="col-3">
15            左のカラムの内容
16        </div>
17        <div class="col-3">
18            中央のカラムの内容
19        </div>
20        <div class="col-3">
21            右のカラムの内容
22        </div>
23    </div>
24    <!-- 3カラムボックス。ここまで↑↑ -->
```

これらのカラムボックスは、<div>タグの中に<div>タグが入る、入れ子構造になっています。テンプレートのタグをコピー・ペーストするとき、閉じタグなどのコピー漏れがないように注意しましょう。前後のコメントも含めてコピーするのがオススメです。2カラムや3カラムの横並びブロックを活用すると、サイトのレイアウトにメリハリができます。ぜひ挑戦してみてください。

✔ 飾りボックスを使ってみよう

本書特典テンプレートには、あらかじめデザインが施された飾りボックスが2種類用意されています。

> **− 飾りボックスのサンプルです**
> テキストテキストテキストテキストテキストテキストテキスト
> テキストテキストテキストテキストテキストテキストテキストテキストテキストテキスト
>
> **− 飾りボックスのサンプルです**
> テキストテキストテキストテキストテキストテキストテキスト
> テキストテキストテキストテキストテキストテキストテキストテキストテキストテキスト

図3-13-03　本書テンプレートの飾りボックスの例

```
01          <div class="box1">
02            <h3>飾りボックスのサンプルです</h3>
03            <p>テキストテキストテキストテキストテキストテキストテキスト<br>
04              テキストテキストテキストテキストテキストテキストテキストテキストテキストテキ
05              スト</p>
06          </div>
07
08          <div class="box2">
09            <h3>飾りボックスのサンプルです</h3>
10            <p>テキストテキストテキストテキストテキストテキストテキスト<br>
11              テキストテキストテキストテキストテキストテキストテキストテキストテキストテキ
12              スト</p>
13          </div>
```

飾りボックスの書き方

飾りボックスは、専用のクラスがついている単純な<div>タグでできています。飾りボックスを使うことで、ボックスの内容を他のテキストより少し目立たせることができます。サイトからのおしらせなど、注目してほしいことを書くときに使うとよいでしょう。

飾りボックスのデザインはテンプレートによって違います。また、Chapter4のSTEP09「自分好みのデザインのパーツを作ってみよう」（P.165）では自分好みのデザインの飾りボックスを作るためのレクチャーも用意しているので、ぜひ挑戦してみてください。

14 よく使うHTMLタグリスト

LEARNING

個人の創作・同人サイトでよく使われるタグをまとめました。HTMLタグはこの他にもありますが、基本的にはこの表に載っているものが使えれば問題ないでしょう。また、すべてを覚える必要もありません。分からなくなったらこのページをひらいて調べてみましょう。

用途	タグ	主な属性・使い方など
見出しを作る	h1 ~ h6	・数字の小さいものほど重要度の高い見出し ・<h1>は通常、1ページに1度しか使わない
段落を作る	p	
リンクを貼る	a	・href属性にリンク先URLを指定する ・target="_blank"で別窓で開く
画像を貼る	img	・src属性に表示したい画像のURLを指定する ・alt属性に代替テキストを指定する ・widthに画像の横幅を指定する ・height属性は指定しないのがオススメ。閉じタグは不要
改行する	br	閉じタグ不要
グループ化する	span	・文章の一部をグループ化するタグ ・Style属性にスタイルを書き込んだり、classを指定することでスタイリングする使い方が主
文字を小さくする	small	囲った文字を少し小さくする
文字を強調する	strong	囲った文字を太字にする
リスト化する	ul	・連番のつかないリスト ・<li>タグでリストアイテムを囲う
連番リスト化する	ol	・連番付きのリスト ・<li>タグでリストアイテムを囲う

用途	タグ	主な属性・使い方など
リストアイテム化する	li	・\<ul\>もしくは\<ol\>で囲って使う ・リストアイテムを1つずつ\<li\>タグで囲う
定義リスト化する	dl	・語句とその説明をセットにしたリスト ・\<dt\>タグで語句を、\<dd\>タグで語句の説明を囲う
セクションを作る	section	囲った部分がコンテンツのひとかたまりであることを示すタグ
汎用ブロックを作る	div	・\<div\>タグそのものに特に意味はない ・ブロックのグループ化などに使われるタグ
送信フォームを作る	form	・actionに送信先プログラムのURLを指定する ・通常、\<form\>タグの中に\<input\>タグなどの入力項目を入れ子にする
送信フォーム用 パーツを作る	input	・type属性… 　　text指定で1行フォームを作成する 　　email指定でメールアドレス記入フォームを作成する 　　button指定で送信ボタンを作成する　等 ・placeholder属性… 　　入力欄にデフォルトで表示するテキストを指定する ・name属性… 　　入力させる項目に名前をつける メールフォームや名前変換フォームとして使うには、別途PHPなどのプログラムを自分で設定する必要がある。閉じタグ不要
複数行テキスト ボックスを作る	textarea	・cols…1行あたりの文字数を指定する ・rows…表示行数を指定する
ボタンを作る	button	クリックできるボタン。開始タグと閉じタグの間に書かれたテキストがボタンに表示される
区切り線を作る	hr	シンプルな区切り線。閉じタグ不要
インライン フレームを作る	iframe	・他のページのコンテンツを埋め込むことができる。主にYoutube、Google map、Twitter等の埋め込みに使われる ・埋め込みコードは自動生成できるので、\<iframe\>タグの書き方を覚える必要はなし

CHAPTER 4

デザインにもこだわりを！
CSSの基本を知ろう

CSSはHTMLと並んでウェブサイトを作るための重要な要素の1つです。HTMLだけで作られたウェブサイトはいたってシンプル。CSSを使うことで、文字の大きさやフォント、サイト全体を彩る背景色など、サイトの雰囲気を一気に変えることができるんです。

ここでは、サンプルファイルやテンプレートを使って、CSSの種類や書き方を見ていきましょう。

01 | CSSの役割

LEARNING

HTMLを装飾してくれるCSS。HTMLのみのシンプルな見た目のウェブサイトの色や余白、枠線、行間、字間、大きさが、CSSを使うことで変更できます。

✓ | CSSはHTMLをデコレーションしてくれる

CSSとは、カスケーディング・スタイル・シート（Cascading Style Sheets）の略称です。Chapter1のSTEP05「テンプレートの使い方」（P.029）で触れたように、CSSはHTMLによってマークアップされたテキストに、スタイルを適用する（＝装飾を与える）役割を担っています。ブラウザからウェブサイトを見ているとき、背景の色、文字の色、文字の大きさ、各ブロックの配置や余白などに至るまで、ウェブサイトのデザインのすべてはCSSによって決定されています。

Chapter1のSTEP05で、テンプレートのHTMLファイルからCSSを参照する記述を削除して、サイトの見た目がどれだけ変化するか確かめたことを覚えているでしょうか。オシャレで見やすいサイトを作るために、CSSはなくてはならないものなのです。

また、Chapter1のコラム「レスポンシブデザインって何？」（P.042）でも触れたように、レスポンシブデザインもCSSの記述によって実現しています。
CSSの書き方のルールはHTMLと異なりますが、基本的な書き方は単純です。既成のテンプレートを少々カスタマイズするくらいなら、覚えることはそれほど多くはありません。

CSSには対応するHTMLファイルが必要

CSSファイルは、それ単体で動作を確認することはできません。CSSファイルに対応するHTMLファイルが必要です。

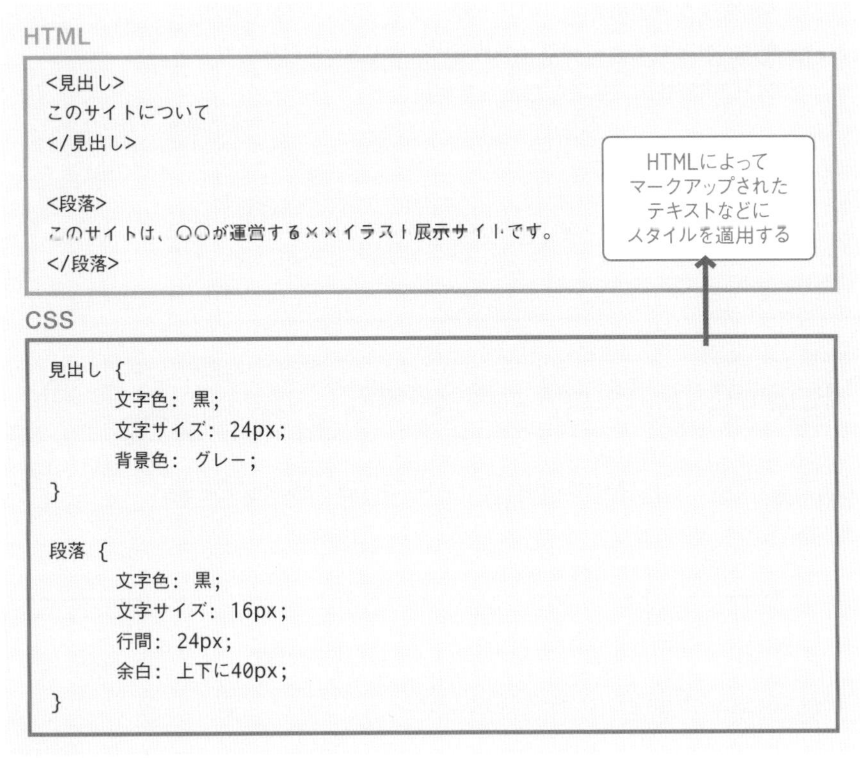
HTML
<見出し>
このサイトについて
</見出し>
<段落>
このサイトは、○○が運営する××イラスト展示サイトです。
</段落>
HTMLによって
マークアップされた
テキストなどに
スタイルを適用する
CSS
見出し {
文字色: 黒;
文字サイズ: 24px;
背景色: グレー;
}
段落 {
文字色: 黒;
文字サイズ: 16px;
行間: 24px;
余白: 上下に40px;
}

図4-1-01
HTMLとCSSのイメージ図

上の図のように、HTMLでマークアップされたそれぞれの要素に対し、文字色や文字サイズなどの情報を指定して装飾します。

CSSを着せ替えることはできる？

ここまで読んで、「じゃあ、自分好みのサイトのCSSを丸ごとコピーして、テンプレートのCSSに上書きすれば、そのサイトとテンプレートが同じデザインになるのでは？」と思った方がいるかもしれません。HTMLやCSSの書き方のルールをちゃんと踏まえて作られたサイトどうしであれば、CSSに互換性があって、出来そうな感じがしますよね。

結論から言うと、これは誤りです。他のサイトのCSSを本書特典のテンプレートに適用しても、そのサイトと同じ見た目になることはまずありません。

その理由はHTMLとCSSの自由さにあります。例えば、まったく同じデザインのサイトのHTMLコーディングを2人のコーダーに依頼したとします。出来上がった2つのHTMLの中身がすべて同じになることは、ありえないと言ってよいでしょう。

HTMLの基本をきちんと押さえたうえで、1つのまったく同じデザインを実現するにしても、作り方にはいろいろな方法があるのです。同じデザインですら、HTMLやCSSの書き方が異なるというのに、まったく違うデザインのサイトのCSSを自分のサイトに引用して、デザインを同じにするなんて無理なお話ですよね。

ヒント !

ちなみに、本書特典テンプレートでは、すべてのデザインのテンプレートのHTML構造が共通になっているため、CSSを着せ替えることが可能です。今のサイトのデザインにちょっと飽きたなと思ったら、別のテンプレートのCSSに差し替えて、イメージチェンジを楽しんでください。

☑ | HTML側でCSSの受け入れ準備をする

CSSをHTMLに適用するためには、HTMLの<head>タグ中に、<link>タグを記述します。

```
01   <head>
02      :
03   <link rel="stylesheet" href="css/style.css">
04      :
05   </head>
```

> <head>内に<link>タグで
> 読み込みたいCSSファイルを
> 指定する

HTMLの<head>タグ内にCSSを読み込むためのタグを記述する

rel属性にstylesheetを指定して、読み込むファイルがスタイルシートであることを明記し、href属性には読み込みたいCSSのパスを記述します。

上記の例ではCSSが相対パスで指定されていますが、フォルダの階層を分けてHTMLを管理する場合には、あらかじめ絶対パスで指定しておくと便利です。

ヒント !

相対パスと絶対パスの違いについては、Chapter3のSTEP08「リンクを貼ろう」(P.093)で説明しています。この2つの違いはぜひ覚えてほしい大切なことなので、忘れてしまったという方は読み返してみてください。

02 | CSS基本のルール

LEARNING

　CSSの基本的な書き方を知っておくことは、文字化けやスタイルの反映漏れを防ぐために大切です。ここでは「セレクタ」や「プロパティ」などCSSの基本のほか、特定のページでのみCSSを追加したい場合の対応についても解説します。

✔ | CSSの基本の書き方

CSSを理解するには、実際にHTMLにCSSをあててみるのが近道です。ここではテンプレートをいじる前に、練習用のHTMLとCSSを使って理解していきましょう。Chapter3で使用した「sample」フォルダの中から「chapter4」のフォルダを開き、その中にある「ch4_step02_1.html」ファイルをダブルクリックしてみてください。

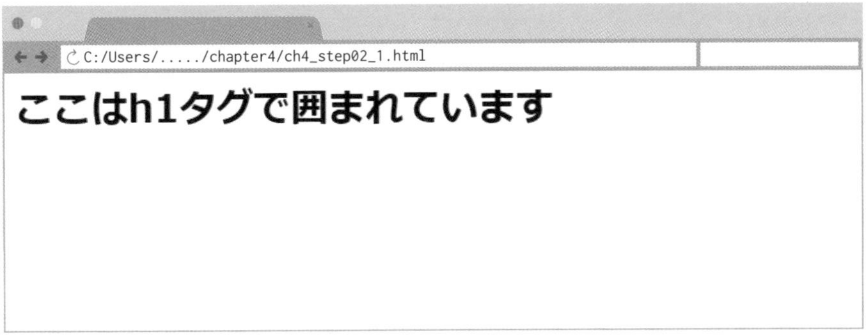

図4-2-01
「ch4_step02_1.html」をブラウザで開いた画面

「ここはh1タグで囲まれています」と太字で大きく表示されたブラウザが立ち上がりました。これからCSSを使ってこのテキストの色などを変更していきましょう。

まず、新規テキストファイルを開き、「ch4_step02.css」と命名して、「chapter4」フォルダの中に入れておいてください。
そのあと、先程ブラウザで開いた「ch4_step02_1.html」をテキストエディタで開き、<head>タグの中にスタイルシートを読み込むためのタグ記述を次のページにあ

るように追加します。これは、「ch4_step02.css」を読み込みますよという、HTML側の受け入れ準備でしたね。

```
01    <!DOCTYPE html>
02    <html lang="ja">
03
04    <head>
05      <meta charset="utf-8">
06      <link rel="stylesheet" href="ch4_step02.css">
07      <title>Chapter4 STEP02-01</title>
08
09    </head>
10
11        <body>
12            <h1>ここはh1タグで囲まれています</h1>
13        </body>
14
15    </html>
```

CSSを反映させるための1行

✓ | 1行目で文字コードを指定して、文字化けを防止する

さて、HTMLの準備ができたところで、いよいよCSSを作っていきましょう。先程「ch4_step02.css」と命名したCSSをテキストエディタで開いてください。
CSSでは通常、1行目で文字コードを指定します。文字コードを指定することで、意図せぬ文字化けを防止することができます。

```
01    @charset "UTF-8";
```

CSSの最初の決まり文句

特に理由がなければ、文字コードはUTF-8にしておきましょう。UTF-8は、現在もっとも広く使われている文字コードです。本書特典テンプレートでは、最初からUTF-8が指定されています。

✓ | CSSの基本の書き方

CSSでのスタイルの指定方法の基本は、以下のような形です。「ch4_step02.css」の最初の決まり文句のあとに、以下のように追加して保存してみてください。

CSSの基本の書き方

スタイルの適用先「h1」を「**セレクタ**」、どのスタイルについての記述か示す部分を「**プロパティ名**」、そしてスタイルをどうするかを示す部分を「**プロパティ値**」と呼びます。

まずセレクタを書き、波カッコでくくって、その中に適用したいスタイルを記述します。スタイルの記述は、プロパティ名とプロパティ値を半角コロン（:）で区切り、プロパティ値の後ろに半角セミコロン（;）をつける形です。慣れるまではコロンとセミコロンを間違えたり、プロパティ値の後ろのセミコロンを忘れたりするミスが起きやすいので、注意しましょう。

「ch4_step02.css」では「h1」要素のテキストの文字色をピンク色に設定する、という指定をしています。「ch4_step02_1.html」をブラウザで開くと、先程黒文字で表示されていた、「ここはh1タグで囲まれています」というテキストがピンク色で表示されました。

C:/Users/...../chapter4/ch4_step02_1.html

ここはh1タグで囲まれています

図4-2-02
CSSが適用されて文字の色が変わった

CHAPTER 4

デザインにもこだわりを！ CSSの基本を知ろう

スタイルの指定は、1つの波カッコの中にいくつでも記述することができます。
以下のCSSでは、「h1」要素のテキストの文字色をピンク色にして、フォントサイズ
を24px、「h1」のテキストの下に1pxの直線を引いて、「h1」要素の左右に40pxの
マージン領域を設定する、という4つの指定をしています。以下を真似して「ch4_
step02.css」に追加してみましょう。

```
sample/chapter4/ch4_step02.css

01   h1 {
02       color: pink;
03       font-size: 24px;
04       border-bottom: 1px solid pink;
05       margin: auto 40px;
06   }
```

複数のスタイルを指定する例

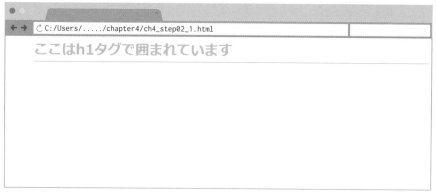

図4-2-03
複数のCSSが反映された

「ch4_step02_1.html」を更新してみると、テキスト下の線などがしっかり反映され
ています。

✔ 複数のセレクタにスタイル指定も可能

また、セレクタも半角カンマ（,）で区切ることで複数指定することができます。
「Chapter4」フォルダの中にある「ch4_step02_2.html」をダブルクリックして
みてください。「h1」には先程のスタイルがあたっていますが、「h2」と「h3」タグに
囲まれたテキストには、まだ何のスタイルもあたっていないことがわかります。

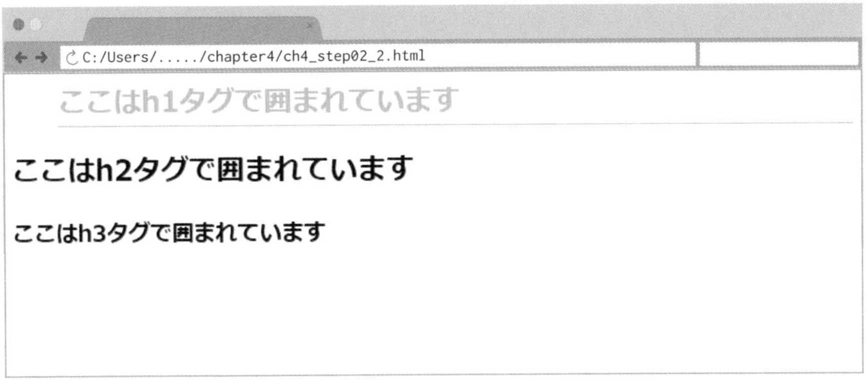

図4-2-04
「h2」と「h3」にはスタイルが反映されていない

以下のCSSでは、「h1」「h2」「h3」3つの要素の文字色をピンクにして、要素の左右に40pxのマージン領域を設定しています。「ch4_step02.css」を以下のように書き換えて保存してください。

sample/chapter4/ch4_step02.css

```
01  h1, h2, h3 {
02      color: pink;
03      margin: auto 40px;
04  }
```

複数のセレクタにスタイルを適用する例

「ch4_step02_2.html」を更新すると、すべてのタグ要素が装飾されました！

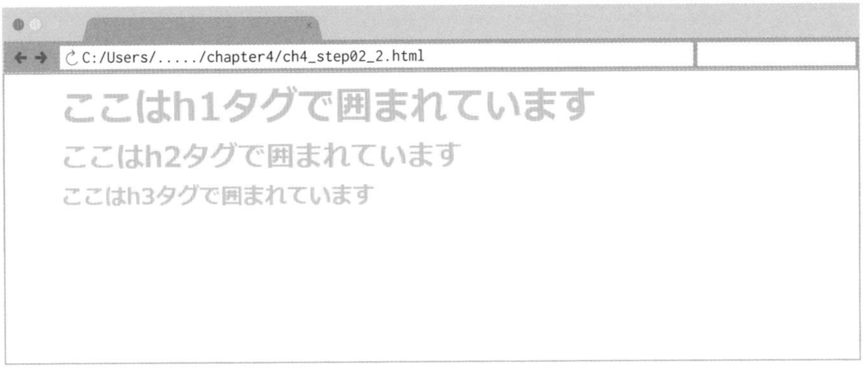

図4-2-05
「h1」「h2」「h3」と、複数のセレクタにCSSが適用された

またCSSでは、「半角スペース」「タブ」「改行」を、それぞれの構成要素の間の好きな場所に入れることができます。テンプレートのCSSが見づらいなと思ったら、自分好みの書式で記述してOKです。

```
01   h1,
02   h2,
03   h3
04   {
05       color: pink;
06       margin: auto 40px;
07   }
08
09   h1, h2, h3
10   {
11       color : pink   ;
12       margin  : auto 40px;
13   }
14
15   h1,h2,h3{color:pink;margin:auto 40px;
16   }
```

> いずれの書き方でも
> 同じスタイルが適用されます。

CSSの書式は自由。書きやすい方法で統一して

✔ セレクタの指定方法

これまでの例では、「h1」、「h2」といった、単純なHTMLタグに対応するセレクタにスタイルを適用する例を挙げてきました。

CSSではその他にも、クラスやIDなどをセレクタとして指定することができます。「Chapter4」フォルダの中にある「ch4_step02_3.html」をダブルクリックしてみてください。装飾が何もない状態が確認できます。これをテキストエディタで開くと、すべて<p>タグで囲まれていますが、1行目以外は「class属性」と「id属性」が書かれていることがわかります。

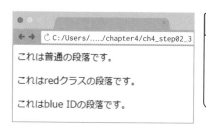

これは普通の段落です。

これはredクラスの段落です。

これはblue IDの段落です。

sample/chapter4/ch4_step02_3.html

```
01   <p>これは普通の段落です。</p>
02   <p class="red">これはredクラスの段落です。</h1>
03   <p id="blue">これはblue IDの段落です。</h1>
```

図4-2-06 「ch4_step02_3.html」をブラウザで見た例

```
01   .red {
02       color: red;
03   }
04
05   #blue {
06       color: blue;
07   }
```

redクラスを持った要素の文字色が赤くなる記述

blue IDを持った要素の文字色が青くなる記述

クラスおよびIDをセレクタに指定する例

「ch4_step02_3.html」にあてるCSSを書いてみましょう。「ch4_step02.css」の中身を上記のように書き換えて保存してください。

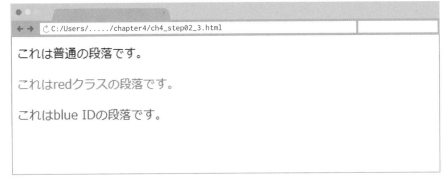

C:/Users/...../chapter4/ch4_step02_3.html

これは普通の段落です。

これはredクラスの段落です。

これはblue IDの段落です。

図4-2-07　クラスとIDを指定した<p>タグにだけ、CSSが適用された

セレクタにクラスを指定する場合は、クラス名の頭に半角ピリオド（.）を、IDを指定する場合はID名の頭に半角シャープ（#）をつけます。

このように書くことで、対応するHTMLの中で、<h1>や<p>などのタグの種類にかかわらず、redクラスを持っている要素はすべて文字色が赤になります。
例えば「redクラスを持った<p>タグ」だけにスタイルを指定したい場合は、次のページのように記述します。「Chapter4」フォルダの中にある「ch4_step02_4.html」に対応するCSSを書いてみましょう。

CHAPTER 4

デザインにもこだわりを！　CSSの基本を知ろう

```
sample/chapter4/ch4_step02_4.html
01    <h1 id="blue">これはblue IDのh1です。</h1>
02    <p>これは普通の段落です。</p>
03    <h2 class="red">これはredクラスのh2です。</h1>
04    <p class="red">これはredクラスの段落です。</p>
05    <p id="blue">これはblue IDの段落です。</p>
```

図4-2-08 「ch4_step02_4.html」をブラウザで見た例

```
sample/chapter4/ch4_step02.css
01    p.red {
02        color: red;
03    }
04
05    p#blue {
06        color: blue;
07    }
```

特定のクラスを持った、特定のタグにスタイルを適用する

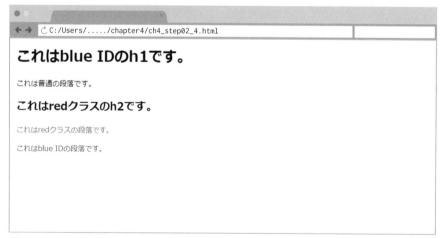

図4-2-09 redクラスを持った<p>タグ、bule IDを持った<p>タグにのみ、スタイルが適用された

図4-2-09をみると、redクラスやblueIDをあてた「h1」「h2」には上記のCSSがあたらず、「p」タグにのみ、CSSが反映されていることがわかります。

スタイルを適用したいタグ名に続けて半角ピリオド（.）とクラスを記述することで、「redクラスを持った<p>タグ」までセレクタを絞ることができるのです。IDについても同様に、タグ名に続けて半角シャープ（#）とID名を記述すると、特定IDを持った特定タグに絞られます。

さらに、セレクタを半角スペースで区切って複数個並べると、「左側のセレクタの対象の中に含まれている右側の対象」を指定することができます。

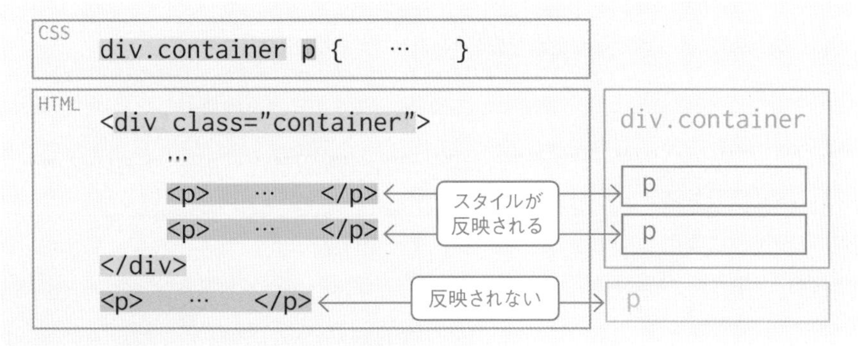

```
CSS
    div.container p {    …    }
```
```
HTML
    <div class="container">
        …
        <p>    …    </p>  ←  スタイルが    →  p
        <p>    …    </p>  ←  反映される    →  p
    </div>
    <p>    …    </p>  ←  反映されない    →  p
```
div.container

図4-2-10　複数のセレクタを並べて対象を絞りこむ

sample/chapter4/ch4_step02.css
```
01  div.container p {
02      color: #008000;
03  }
```
「container」クラスを持つ<div>タグの中の<p>タグにスタイルを指定する

タグの中に含まれるタグをセレクタに指定する

sample/chapter4/ch4_step02_5.html
```
01  <div class="container">
02      <p>これはdiv.containerの中にあるp段落です。</p>
03  </div>
04
05  <p>これはdiv.containerの外にあるp段落です。</p>
```

C:/Users/...../chapter4/ch4_step02_5.html

これはdiv.containerの中にあるp段落です。

これはdiv.containerの外にあるp段落です。

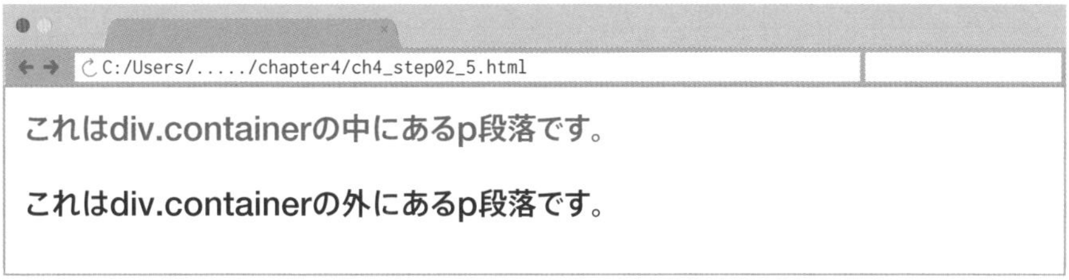

図4-2-11　<div class="container">の中にある<p>タグに色が反映された

「ch4_step02.css」に上記のように記述すると、color: #008000;のスタイル指定は、「containerクラスを持っている<div>タグ」の中にある「<p>タグ」にまで限定されます。半角スペースで区切って記述できるセレクタの数には制限はなく、2つ以上のセレクタを区切って、より適用対象を絞り込むこともできます。

ヒント !

<div>タグとは?
<div>タグは、特に決まった用途や意味をもたない汎用ブロックタグです。Chapter3のSTEP6で解説した<span>タグと似ていますが、<span>タグは通常、<p>段落などの文章の中で使うことに対して、<div>タグは<p>段落などのタグの塊をまとめる用途で使われます。

template/BASIC/css/style.css

```
01    nav#globalnav ul#navmenu ul li a {
02        min-width: 150px;
03        padding: 0 20px;
04        ・
05        ・
06        }
```

特典テンプレート「BASIC」のCSSから抜粋

上記は、テンプレート「BASIC」のCSSから抜粋したものです。5つのセレクタが半角スペースで区切られ、スタイルを適用する対象を絞り込んでいます。

☑ 特定のページだけCSSを少し変えたい場合

作品を展示するサイトでは、例えば作品の雰囲気に合わせてページの色だけ変更したい場合があります。そんなときはどう対応するのがよいでしょうか。

☑ 方法1 2つめのCSSファイルを作成する

1つめの方法は、そのページ専用のCSSファイルを作成して、ベースとなるCSSの後に読み込ませる方法です。
CSSには、「同じセレクタに対するスタイルの指定が2つ以上存在する場合、後ろに書かれたスタイルが優先される」というルールがあります。これを利用して、ベースのCSSファイルそのものに変更を加えることなく、別のCSSファイルでセレクタへの指

定を上書きします。
変更したいスタイルが多い場合や、同じスタイルを複数のページで使いまわしたい場合に適しています。

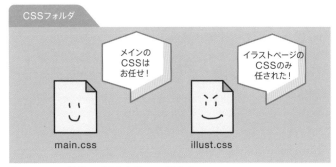

図4-2-12　複数のCSSを作って対応する

✔ 方法2　HTMLに直接CSSを書き込む

実はCSSは、HTMLファイル内に記述することもできるんです。CSSをHTMLに書き込むには、<head>タグ内の、CSSファイルを読み込んでいる記述よりも後ろに、以下のように記述します。

HTMLファイル内にCSSを記述する場合

```
01    <head>
02       :
03    <link rel="stylesheet" href="css/style.css">
04       :
05
06    <style>
07         body {
08               background: #cccccc;
09         }
10    </style>
11
12    </head>
```

<style>タグで囲った中にCSSを記述すると、そのHTMLファイル内でだけ記述したスタイルが適用されます。CSSを読み込む<link>タグより前の位置に記述してしまうと、CSSファイルの読み込みによってスタイルが上書きされる場合があるため注意しましょう。<style>タグによるスタイルの追加記述は、<head>閉じタグの直前に記述するのが無難です。

この方法は、適用したいスタイルが少ない場合や、同じスタイルを他のページで使いまわさない場合に適しています。

03 ｜ CSSでも コメントを活用しよう

LEARNING

HTMLと同様、CSSでもコメントが使えます。自分用のメモ書きを残しておけるほか、CSS に変更を加えるときに、もとに戻せるように、変更前の記述をコメントとして残しておく活用法 もあります。コメントを使いこなして分かりやすいCSSを作り、カスタマイズに役立てましょう。

✔ ｜ CSSでもコメントが使えます

HTMLと同じように、CSSでもコメントを利用することができます。ただし、HTML と同様に、CSSファイルを直接覗かれると、訪問者からもコメントが見えてしまいます。 見られたら困るような内容のものは書かないようにしましょう。
CSSにおけるコメントは、次のように記述します。

```
01    /* ここに書いたテキストはブラウザで見たときには影響しません */
```

CSSでのコメントの書き方

半角スラッシュ「/」と半角アスタリスク「*」でコメントを開始し、終了する場合は半 角アスタリスク「*」と半角スラッシュ「/」の順番を逆に記述します。コメントの途中 で改行を挟むこともできます。またHTMLと同様に、多くのプログラミング用テキス トエディタでは、［Ctrl］+［/］を入力すると、選択した行を一括でコメントアウトする ことができます。

✔ コメントの活用例

HTMLと同様に、「このスタイルは今は使わないけど、後で元に戻したくなったときのために残したい」という場合に、該当するスタイル記述を丸ごとコメントにしておけば、いつでももとに戻すことができます。CSSを変更するとき、慣れないうちはもとの記述はすべてコメントアウトして残しておくと安全です。念には念を入れておきましょう。

不要なスタイルをいったんコメントにしておく例

```
01  .box1 {
02      /*
03      border: 1px solid #e9e9e9;
04      padding: 10px;
05      */
06      border: 3px solid #e9e9e9;
07      padding: 20px;
08      margin: 40px auto;
09      border-radius: 3px;
10  }
```

> コメントアウトされているため、HTMLに反映されない

また本書特典テンプレートでは、CSSのカスタマイズ需要の高そうな箇所に、コメントで「※000」のように3ケタの番号を割り振っています。米印にそれぞれの番号をつけてファイル内検索することで、カスタマイズしたい箇所にジャンプすることができます。ぜひご活用ください。

表4-3-01 カスタマイズ頻度の高そうな箇所と対応するナンバー

001	背景色の変更
002	文字色の変更
003	基本フォントの変更
004	背景を画像で覆いたい場合のCSSサンプル
005	リンク色およびリンクホバー色（2か所）
006	リンクボタン色およびリンクボタンホバー色（2か所）
007	メニューバーのスクロール追従の可否変更
008	ヘッダーバーのサイトタイトル色およびサイトタイトルホバー色（2か所）
009	ヘッダーバーのメニューのホバー色
010	小説展示用ブロックの段落の行間および字間
011	メインビジュアル画像の設定（3か所）
012	フッターエリアの背景色と文字色

CHAPTER 4
デザインにもこだわりを！ CSSの基本を知ろう

STEP

04 | 文字の装飾にまつわるCSS

LEARNING

主に文字の装飾に関係するCSSプロパティの紹介や、プロパティ値の設定について詳しく解説します。

✔ | **文字の装飾を使いこなし、より好みのデザインに**

ここからはいよいよ、CSSによる装飾をカスタマイズするためによく使われるプロパティについて触れていきます。

CSSのプロパティにはさまざまなものがあるうえに、それぞれのプロパティに対応するプロパティ値にも書き方のルールがあります。

> ヒント !

> すべてを覚えるのは難しいので、CSSを編集する際には、Chapter4のSTEP11「よく使う
> CSSプロパティリスト」（P.183）を参照しながら取り組んでみてください。

✔ **color：文字の色を変更する**

colorは、文字の色を変更するためのプロパティです。

sample/chapter4/step04/01/ch4_step04_1.css

```
01  h1 {
02      color: pink;————[<h1>タグの文字の色をピンクにする]
03  }
```

colorプロパティの使用例1

上の例ではプロパティ値を色の英語名にしていますが、その他にもカラーコードや
RGB値で指定することができます。

sample/chapter4/step04/01/ch4_step04_1.css

```
01  h2 {
02      color: #ffc0cb;         ← <h2>タグの文字の色を「#ffc0cb」にする
03  }
04
05  h3 {
06      color: rgb(255, 192, 203);   ← <h3>タグの文字の色を
07  }                                   「rgb(255, 192, 203)」にする
```

colorプロパティの使用例2

「ch4_step03-1.css」に示したcolorのプロパティ値は、いずれもpinkと同じ結果になります。

図4-4-01
<h1><h2><h3>タグがそれぞれ同じ色に変更された

カラーコードとは、「#ffc0cb」のように半角シャープ（#）から始まり、半角英数字6桁が続く値で、HTMLなどにおいて色を指定するために割り当てられている符号です。カラーコードは以下のようなサイトで調べることができます。

●「WEB色見本　原色大辞典」
　URL : https://www.colordic.org/

RGB値は、イラストを描かれる方にとってはなじみ深い値ではないでしょうか。赤（R）、緑（G）、青（B）の三原色をどれだけ混ぜればその色になるかを示す値です。HTMLやCSSにおけるRGB値の書き方は、上記の「colorプロパティの使用例2」に示したとおりです。rgbと書いた直後にカッコを置き、カッコ中にRの値、Gの値、Bの値を半角コンマで区切って記述します。

✔ font-size：文字の大きさ

font-sizeは、文字の大きさを変更するためのプロパティです。

```
sample/chapter4/step04/02/ch4_step04_2.css
01  h1 {
02      font-size: 32px;
03  }
```

フォントの大きさを変更する

図4-4-02　フォントのサイズが変わる

フォントサイズのプロパティ値に使われているpxという単位は、画面のドット1つ分を1pxとする、絶対的な大きさを示す単位です。本書の特典テンプレートでは、フォントサイズの指定にはすべて、初心者にもわかりやすいpx単位を採用しています。
font-sizeのプロパティ値には、px以外にもさまざまな単位を使うことができます。代表的なものをまとめて表にしました。相対的な単位は取り扱いに少し慣れが必要ですが、必要であればチャレンジしてみて下さい。

表4-4-01　font-sizeプロパティ値に利用できる代表的な単位

px	画面のドット1つ分を1pxとする、絶対的な大きさを示す単位
%、em	親要素のフォントサイズを1としたときの、相対的な大きさを示す単位
rem	html要素のフォントサイズを1としたときの、相対な大きさを示す単位

ヒント！

文字の装飾に欠かせないプロパティにフォントの種類を変更できるfont-familyというプロパティがあります。フォントを変更すると印象ががらりと変わるため、オリジナリティを出したい場合には、是非挑戦したいカスタマイズです。
font-familyの設定については、少し長くなりますので、Chapter4のSTEP06「フォントの指定」（P.151）にて詳しく解説しています。

✔ font-weight：文字の太さ

font-weightは、文字の太さを変更するためのプロパティです。

```
sample/chapter4/step04/03/ch4_step04_3.css
01  p {
02      font-weight: bold;
03  }
```

文字の太さを変更する

図4-4-03　フォントの太さが変わる

表4-4-02　font-weightプロパティ値に利用できる値

100～900の 任意の数値	通常、100、200、300…… のように100刻みで指定します
normal	通常の太さ（400と同じ）
bold	太字フォント（700と同じ）
bolder	1段階太くする
lighter	1段階細くする

数値を指定すれば、CSSで9種類のフォントの太さを指定できることになりますが、多くのフォントでは9種類の太さには対応していません。

✔ letter-spacing：字間の広さ

letter-spacingは、字間の広さを変更するためのプロパティです。

```
sample/chapter4/step03/04/ch4_step03_4.css
01  p {
02      letter-spacing: 0.8em;
03  }
```

字間の広さを変更する

プロパティ値の単位には、font-sizeと同じくpx、%、em、rem等が使用できます。また、正の値だけでなく負の値も指定できます。

図4-4-04　字間の広さが変わる

CHAPTER 4　デザインにもこだわりを！　CSSの基本を知ろう

✔ line-height：行間の広さ

line-heightは、行間の広さを変更するためのプロパティです。

sample/chapter4/step04/05/ch4_step04_5.css

```
01  p {
02      line-height: 2.0em;
03  }
```

行間の広さを変更する

行間のプロパティ値にもpx、%、em、rem等が使用できます。
Chapter2のSTEP03「文章が読みやすいデザイン」（P.054）でも紹介したように、行間の適切なプロパティ値は1.5em～2.5em程度です。あまり狭すぎたり広すぎたりすると、文章の読みやすさを損ねますのでご注意ください。

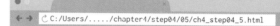

図4-4-05　行間の広さが変わる

✔ text-align：文字の位置

text-alignは、文字を左・右・中央のどこに寄せるかを指定するプロパティです。

sample/chapter4/step04/06/ch4_step04_6.css

```
01  p {
02      text-align: center;
03  }
```

文字の位置を変更する

図4-4-06　text-alignで文章の位置を変更した例

表4-4-03
text-alignプロパティ値に利用できる値

left	文章が左寄せになる。初期値。
right	文章が右寄せになる。
center	文章が中央寄せになる。

✔ background：文字の背景色

backgroundは、要素の背景色を変更するためのプロパティです。

sample/chapter4/step03/07/ch4_step03_7.css

```
01   h1 {
02       background: #87cefa;
03   }
```

文字の背景色を変更する

見出しなどのブロックに背景色を設定すると、その部分だけ背景色がつきます。利用できるプロパティ値はcolorと同じで、色の英名のほか、カラーコードやRGB値などです。

図4-4-07　文字の背景色が変わる

✔ text-shadow：文字の影

text-shadowプロパティは、文字に影を落とすことができます。

sample/chapter4/step04/08/ch4_step04_8.css

```
01   h1 {
02       text-shadow: 2px 2px 6px gray;
03   }
```

影の色
影のぼかしの強さ（省略可）
横方向の影の位置
縦方向の影の位置

文字に影をつける

text-shadowのプロパティ値の書き方は少し特殊です。「横方向の影の位置」「縦方向の影の位置」「影のぼかしの強さ」「影の色」を、それぞれ半角スペースで区切って記述します。

横および縦方向の影の位置は、負の値にすることでそれぞれ左方向、上方向に影をずらすことができます。また、影をぼかさない場合は「ぼかしの強さ」の記述を省略することもできます。

図4-4-08
文字に影が追加された

✔ border：枠線を追加

borderプロパティは、枠線を追加することができます。

sample/chapter4/step04/09/ch4_step04_9.css

```
01  h1 {
02      border: 4px dotted pink;        ← 枠線の太さ
03  }
04                                       線の種類   線の色
05  h2 {
06      border-bottom: 5px solid black;
07  }
```

文字に枠線を追加する

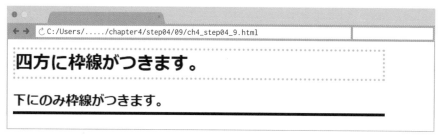

C:/Users/...../chapter4/step04/09/ch4_step04_9.html

四方に枠線がつきます。

下にのみ枠線がつきます。

図4-4-09　文字に枠線がつきます

borderのプロパティ値は、「線の太さ」「線の種類」「線の色」を半角スペースで区切っ
て記述します。よく使われる線の種類は以下のとおりです。

表4-4-04　borderの線の種類と見え方

solid	一重の実線	————————
dotted	点線	....
dashed	破線	- - - - - - - -
double	二重の実線	════════

また、「ch04_step04_9.css」の<h2>への指定のように、borderは上下左右で別々
に指定することができます。border-topで上の線、border-bottomで下の線、
border-leftで左の線、border-rightで右の線を指定します。

STEP

05 背景の設定

LEARNING

テンプレートは背景を変更するだけでも印象ががらりと変わります。背景色を変更したり、画像を設定したりして自分のオリジナルサイトにしていきましょう。よくある背景デザインの再現用CSSサンプルも掲載しています。

✔ 背景が変わると、オリジナリティが一段とアップ！

テンプレートを使いながらサイトにオリジナリティを演出するには、背景を変更するのが一番の近道ともいえます。単純に色を変更するだけでもよいですし、お気に入りの写真や自作イラストを背景画像として設定することもできます。1つずつ、方法を見ていきましょう。

「背景」というと、通常はページ全体の背景を想像するかと思います。テンプレート「BASIC」でいうと、パソコンから見たときに見える淡いグレーのエリアです。

このようなページ全体の背景を設定する場合には、body要素に対して背景を指定します。

✔ background-color: 背景に色を設定しよう

背景の色を指定できるのがbackground-colorです。試しにテンプレートの背景色を変更してみましょう。テンプレートの中にある「css」フォルダから「style.css」をテキストエディタで開き、body要素の背景色（テキスト内を「001」で検索するとbodyタグが簡単に見つかります）の「#e9e9e9」を以下のように変更してみましょう。

template/BASIC/css/style.css

```
01   body {
02     /* ※001 - 背景色の変更↓ */
03     background-color: #f0e68c;          #e9e9e9から#f0e68cに変更する
04     …
05   }
```

HTMLのbody要素に対して背景色を指定する

図4-5-01
淡いグレーの部分が暗めの黄色に変わりました。真ん中のメイン部分には白い背景が指定されたままです

backgroundプロパティについてはSTEP04「文字の装飾」でも触れました。このプロパティは、ほぼどんな要素に対しても指定できます。

☑ background-image: 背景に画像を設定しよう

backgroundプロパティでは背景色以外のものも指定できます。
実はテンプレートでは、背景設定に必要になるであろう項目はすでに一通り書いてコメントアウトしているんです。先程のCSSを見ると、「※004 - 背景を画像で覆いたい場合」というコメントの以下に、背景画像の指定があることがわかります。以下、ハイライト部分のコメントアウトを削除して、CSSを保存してみましょう。

template/BASIC/css/style.css

```
01    /* ※004 - 背景を画像で覆いたい場合
02    background-image: url('../img/background.jpg');
03    background-position: left top;
04    background-repeat: repeat;
05    background-size: 50px;
06    background-attachment: fixed;
07    */
```

> ピンクのハイライト部分を
> 削除して、「style.css」
> を保存する

コメントアウトの部分をすべて反映してみると…？

図4-5-02　背景が画像で覆われました

青いストライプが一面に敷き詰められました。
backgroundプロパティに、「url('..img/background.jpg')」と指定したことで、
その画像が背景画像として設定されました。パスは相対パスでも絶対パスでも構いませ
んが、相対パスの場合はCSSファイルの現在地から見た相対パスを指定する必要があ
ります。HTMLファイルから見た相対パスと間違えないよう、注意しましょう。
ここで設定されている「img」フォルダの中の「background.jpg」を見
てみると、ストライプというには中途半端な、小さな正方形の画像（図
4-5-03）であることがわかります。これが「background-image」に
て背景画像に設定され、繰り返し設定の「background-repeat:
repeat;」という記述によって画面いっぱいに敷き詰められることで、スト
ライプ状に表示されているのです。

図4-5-03
backgroung.jpg

さらに、繰り返し設定は以下のようにも指定できます。

表4-5-01　backgroundプロパティの繰り返し指定（background-repeat）

no-repeat	繰り返しなし
repeat	繰り返しあり（画面いっぱいに敷き詰める）
repeat-x	横方向にだけ繰り返す
repeat-y	縦方向にだけ繰り返す

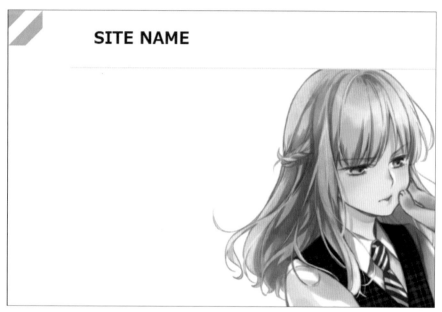

図4-5-04　no-repeat(繰り返しなし)を設定した場合

図4-5-05　repeat-x(横方向のみくり返す)を設定した場合

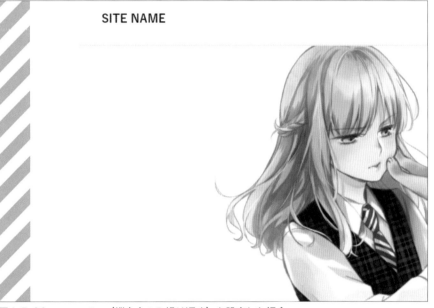

図4-5-06　repeat-y（縦方向のみ繰り返す）を設定した場合

ヒント !

背景を元に戻したいときには、background-image: url('../img/background.jpg');からbackground-attachment: fixed;を先程のようにコメントアウトして保存すれば元通りになります。コメントアウトのはじまりは「/*」、おわりは「*/」です（Chapter4のSTEP03参照）。

ちなみにbackgroundは次のように1行で記述することもできます。

```
body {
    background: #f3f3f3 url('../img/background.jpg') no-repeat;
}
```

背景色 ┤ #f3f3f3

背景画像 ┤ url('../img/background.jpg')

背景画像の繰り返し設定 ┤ no-repeat

ただし、backgroundプロパティに設定を詰め込んでしまうと読みにくくなり、ミスが起きやすいため、最初のうちはプロパティを分けて記述するのがよいでしょう。

✔ background-position：背景の位置を調整してみよう

一旦、先ほどのコメントアウトを元に戻し、色のみの背景に戻しておきましょう。
ここからは、コメントアウトの中で設定した内容について、1つずつ確認していきます。

コメントアウトした背景設定の下に、以下の2行を追加して保存してみてください。すると、先ほど表示された画像とは異なり、左上に1つだけ、画像が表示されました。

template/BASIC/css/style.css

```
01    body {
02           ・
03           ・
04        background-attachment: fixed;
05        */
06        background-image: url('../img/sum-md.jpg');   /* 背景画像 */
07        background-repeat: no-repeat;   /* 背景の繰り返し設定 */
08    }
```

背景画像を指定してみる

図4-5-07　淡いグレーの背景に、画像が追加されました

background-positionプロパティを使うと、背景画像の位置を指定することができます。以下のコードをbodyのCSSの中に追加してみてください。

```
background-position: right top;
```

背景画像の位置を指定する

図4-5-08　画像が右上に寄せられました

background-positionには「right（右）」「left（左）」、「top（上）」「bottom（下）」、「center（中央）」のような単語の組み合わせを半角スペースで区切って記述することで、右上や左下のような画面の四隅のいずれか、もしくは中央に背景画像を寄せることができます。

また、端っこにぴったり寄せるのではなく、自分で自由に位置を調整したい場合には、以下のように記述します。

背景画像の位置を％単位で調整する

横方向、縦方向の順番で％単位で指定すると、上の例では「左端から80％、上端から20％」の位置に画像が表示されるようになります。

✔ background-attachment：画像の位置を固定しよう

デフォルトのままだと、背景画像はページスクロールとともに移動し、画面外へと追いやられてしまいます。ページをスクロールしても背景画像が動かないようにしたいときは、background-attachmentプロパティを利用します。bodyに以下を追加して保存すると、スクロールしても画像が常に同じ位置に表示されます。

```
background-attachment: fixed;
```

背景画像をスクロールしても動かないように固定する

図4-5-09　スクロールすると流れてしまう画像が固定された

✔ background-size：画像の大きさを調整しよう

background-sizeは画像の大きさを指定するプロパティです。

```
background-size: contain;
```

背景画像の大きさを指定する

表4-5-02　background-sizeのプロパティ値

%、pxなどの単位の数値	画像の横幅の大きさを指定する。%で指定した場合は、もともとの画像の大きさに対するパーセンテージで計算される
contain	画像を画面からはみ出ない最大の大きさにする
cover	画像が画面をすべて覆う最小の大きさにする

画像の大きさを%やpxなどの単位で指定することができるほか、「contain」や「cover」のようなキーワードを指定することで、画像の縦横比を保ったまま拡大・縮小して、画面いっぱいに表示させることができます。containとcoverの違いは、図4-5-10のとおりです。

図4-5-10　background-sizeプロパティ値「contain」と「cover」の違い

「contain」では、画像が見切れることなく全体を見られるように拡大するため、表示エリアの縦横比と画像の縦横比が異なる場合、表示エリアに余白ができます。

一方、「cover」を指定すると、表示エリアに余白ができないように画像が広げられます。これだと画像の端っこが見切れてしまう場合があります。

CHAPTER 4

デザインにもこだわりを！ CSSの基本を知ろう

✔ 画像をワンポイントで右下に固定する

```
body {
    background-image: url('○○○');
    background-repeat: no-repeat;
    background-position: right bottom; ——— 好みにより%単位で指定してもOK
    background-attachment: fixed;
}
```

図4-5-11　右下ワンポイントの例

✔ 大きな画像1枚を背景いっぱいに表示する

```
body {
    background-image: url('○○○');
    background-repeat: no-repeat;
    background-position: center;
    background-size: cover;
    background-attachment: fixed;
}
```

STEP

06 | フォントの指定

LEARNING

フォントを変更するためには、font-familyプロパティを設定します。OSによって利用できるフォントの種類が異なるため、複数のフォントを指定するのが無難です。「font-familyメーカー」を使えば、簡単にfont-familyの設定ができます。

☑ | フォントもサイトの印象に大きく関わる要素の1つ

フォントとは、書体データのことです。フォントの種類によって文字のデザインが異なるため、背景と並んでサイトの印象を大きく左右する要素です。

フォントには大きく分けて何種類かありますが、読みやすさの観点から少なくともサイトの本文には「ゴシック体（sans-serif）」と「明朝体（serif）」の代表的な2種類のどちらかを使うのが無難です。どちらを使うかは、演出したいサイトの雰囲気に合わせて好みで選べばよいでしょう。

見出しやサイト名などに関しては、読みやすさよりデザインを優先しても構いません。

template/BASIC/css/style.css

```
01  body {
02      /* ※003 - 基本フォントの変更↓ */
03      font-family: YuGothic, "Yu Gothic", "ヒラギノ角ゴシック", "Hiragino Sans",
04      sans-serif;
05  }
```

テンプレート「BASIC」のフォント指定

フォントを指定するにはfont-familyプロパティを使います。通常、body要素に対して本文のフォントを指定します。複数のフォントを指定する場合には、半角コロン（,）で区切って記述しましょう。複数指定した場合、先に記述されたものが優先して適用されます。OSにフォントデータがない場合には次に書かれたフォントを参照するという仕組みです。

ヒント ！

フォント名をダブルクオーテーション（"）で囲っているものと囲っていないものが混在していますが、フォント名が日本語だったり、半角スペースが入ったりする場合には必ずダブルクオーテーションで囲う必要があります。

✅ 表示できるフォントは、OSによって異なる場合がある

実は、Windows、Macintosh、iOSなど、OSが変わると端末で表示できるフォントの種類も変わってしまいます。OSによって、インストールされているフォントの種類が異なるからです。そのためほとんどのサイトでは、font-familyプロパティにいくつもフォントを指定して、どの端末から見てもなるべくサイトの印象が変わらないように工夫しています。

それでは、実際に自分でフォントを変更する場合は、どのようなフォントを指定すればいいでしょうか？　便利なツールがあるので、ご紹介します。

✅ フォント指定にはFont-familyメーカーがとても便利!

サルワカというサイトが提供している「Font-familyメーカー」を使うと、OSとフォントの関係が分からなくても、カンタンにFont-familyプロパティを設定できます。ツールはブラウザ上で動作するため、ダウンロードやインストールは不要です。

●Font-familyメーカー byサルワカ
　URL : https://saruwakakun.com/font-family

図4-6-01
Font-familyメーカーの初期画面

ツールを開いてみると、画面が3つのレーンに分けられていて、それぞれのレーンに
Windows、Macintosh、iOSのOS別に搭載されているフォントの一覧が表示され
ています。

使いたいフォントを選んで、クリック＆ドラッグで画面下部の「ここに使いたいフォン
トをドラッグ」と書かれた黒っぽいエリアに入れると、さらにその下の「ダブルクリッ
クでコピー」と書かれた欄に、選んだフォントを表示するためのfont-familyプロパ
ティの記述が自動生成されます。

3つのレーンのそれぞれから少なくとも1つずつフォントを選んでfont-familyプロパ
ティを生成すれば、どんな端末から見ても選んだフォントで表示されるようになり、サ
イトの雰囲気を損ねづらくなります。

✔ オシャレなフォントを使いたいなら**Google Fonts**

OSごとに搭載されているフォントはバラバラなため、OSによってはオシャレなフォ
ントがあまり使えなかったりします。見出しやサイト名の部分だけちょっとおしゃれに
したいなんて場合には、OS搭載フォントだけでは物足りないかもしれません。

そんなときにオススメしたいのが「Google Fonts」です。名前のとおり、Google
が提供しているサービスで、Googleのサーバーで公開されているフォントのデータを
引用して、だれでも無料で自分のサイトで使うことができるという優れたサービスです。

◉Google Fonts
　URL：https://fonts.google.com/

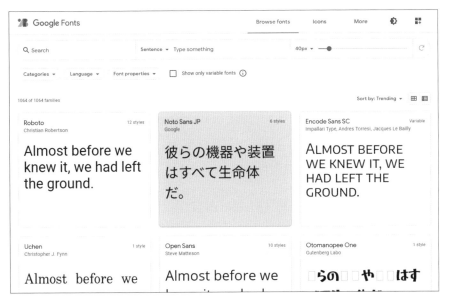

図4-6-02　Google Fontsの初期画面

画面上部にある「Categories」プルダウンからフォントの大分類、「Language」から言語を絞り込むことができるほか、「Sentence」欄に好きな文章を打ち込むと、その文章でフォントをプレビューすることができます。

図4-6-03　Languageを「Japanese」にして日本語フォントを絞り込むこともできる

実際にGoogle Fontsを自分のサイトに導入してみましょう。今回は、日本語フォントの「Kiwi Maru」を使ってみます。フォント一覧から使いたいフォントを選んでクリックすると、次のような画面になります。

図4-6-04　Kiwi Maruを選択したところ

「Light 300」「Regular 400」「Medim 500」の、3種類の異なる太さのKiwi Maruが表示されています。これらの中から使いたいものを選んで、右側の「Select this style」をクリックします。よくわからなければ、とりあえずすべてのスタイルを選んでも構いません。

スタイルを選択すると、右側に細いサイドバーが現れます。

図4-6-05
なにやら英語でいろいろ書かれた
サイドバーが出てきました

サイドバーの「Use on the web」と書かれたところに、HTMLタグと、CSSコードの例が表示されています。

このまま利用してもいいのですが、初期状態で表示されている<link>タグを使う場合は、フォントを利用したいすべてのHTMLに<link>タグを埋め込む必要があるため、手間がかかります。そこで、HTMLではなく、CSSでGoogle Fontsを読み込むようにします。

初期状態では、<link>ラジオボタンがアクティブになっていますが、その隣にある「@import」のラジオボタンをクリックしてみてください。

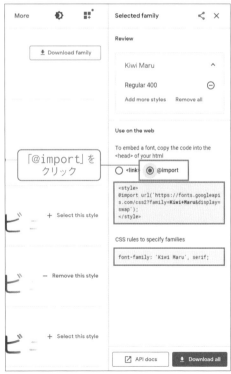

「@import」を
クリック

図4-6-06
@importをクリックすると、
CSS用のコードが表示されました

<style>タグから始まるCSS用のコードが表示されました。HTMLに貼り付けるなら
このコードを全文コピー＆ペーストする必要がありますが、CSSファイル内で読み込
むなら「@import」から始まる真ん中の1行のみで構いません。この1行をコピーして、
CSSファイル内の最初の方にペーストします。

さらに、Google Fontsを利用したい要素に対して、サイドバー下部にあるCSSコー
ドサンプルをコピー＆ペーストして適用すれば、Google Fontsが反映されます。

✓ Google Fonts利用の際の注意点

Google Fontsでは、別サーバー上にあるフォントデータを読み込んで（いわば「直
リンク」している状態です）、自分のサイトに適用する形式をとっています。

特に日本語フォントデータは容量が膨大になりやすく、通信状況などによってはフォン
トデータを読み込むのに少々時間がかかります。そのため、サイトへアクセスしてから
本文が表示されるまでにラグが生じる場合があります。

また、デザインの凝ったフォントを本文に適用すると、フォントによっては読みやすさ
が多少損なわれる場合があります。デザインの凝ったフォントを適用するのは最低限に
しておいて、サイト本文はOSに搭載された読みやすいフォントにしておくのが無難で
しょう。

もっと知りたい！

テンプレートのフォントを
変更してみよう

テンプレートのフォントを変更して、サイトの雰囲気を変えたいとき、CSSでどこを編集すればよいかを紹介します。
「template」フォルダの中の好きなテンプレートファイルを開き、「css」フォルダの中にある「style.css」をテキストエディタで開いて、以下を参考に編集してみましょう。

◉ すべてのフォントを変更したいとき

```
body {
    font-family: （ここにフォント指定）;
}
```

◉ サイトタイトルのフォントを変更したいとき

```
h1.logo {
    font-family: （ここにフォント指定）;
}
```

◉ ヘッダーメニューのフォントを変更したいとき

```
ul#navmenu {
    font-family: （ここにフォント指定）;
}
```

◉ すべての見出しタグのフォントを変更したいとき

```
h1, h2, h3, h4, h5, h6 {
    font-family: （ここにフォント指定）;
}
```

特定のレベルの見出しだけ変えたい場合は、必要に応じてセレクタを減らしてください。

STEP

07 | 余白の設定

LEARNING

ウェブサイトにおける余白は、サイト全体を見やすくするための大切な要素です。ギチギチに文章が詰め込まれたサイトは読みにくいもの。余白の仕組みをしっかり理解して、見やすいサイトを目指しましょう。

✔ | 「内側の余白」と「外側の余白」の2つの余白がある

HTMLとCSSにおいて、余白には「内側の余白」と「外側の余白」があります。
要素そのものが占める本来のエリアを青、内側の余白を緑、枠線を黒線、そして外側の余白をオレンジで示しました。
borderプロパティで設定できる枠線を境に、2つの余白が存在しているのが分かります。
内側の余白はpaddingプロパティ、外側の余白はmarginプロパティで設定します。

●…要素そのものの占めるエリア
●…内側の余白 padding
●…外側の余白 margin

図4-7-01 要素と余白、枠線の関係図

```
01   div.box {
02       padding: 20px; ─────── 内側の余白
03       margin: 40px auto; ─────── 外側の余白
04   }
```

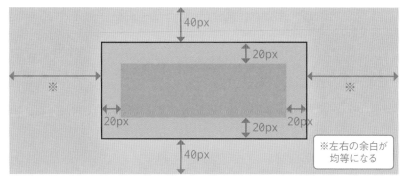

図4-7-02　上記を反映すると余白はこのように設定される

プロパティ値には、px、em、remなどの大きさを表す単位が利用できます。また、marginには「auto」も使えます。「auto」は、ブラウザ側で適切な余白を決定してくれる値です。paddingのプロパティ値には「auto」は使えないため、注意してください。

プロパティ値は半角スペースで区切って4つまで指定できます。指定した値の数に対応して、表4-7-01のように余白が決定されます。

プロパティ値の設定方法

```
01   margin: 40px; ─────── 上下左右、4辺に40pxのmarginが設定される
02   margin: 40px auto; ─────── 上下に40px、左右にautoのmarginが設定される
03   margin: 40px auto 30px; ─────── 上に40px、左右にauto、下に30pxのmarginが設定される
04   margin: 40px 20px 40px 20px; ─────── 上に40px、右に20px、下に40px、左に
                                           20pxのmarginが設定される
```

表4-7-01　padding、marginのプロパティ値の数と指定される辺の対応表

値が1つの場合	4つの辺すべてにその値が適用される
値が2つの場合	1つめの値は上下の辺、2つめの値は左右の辺に適用される
値が3つの場合	1つめの値は上の辺、2つめの値は左右の辺、3つめの値は下の辺に適用される
値が4つの場合	順番に、上の辺から時計回り（上、右、下、左）に適用される

CHAPTER 4

デザインにもこだわりを！　CSSの基本を知ろう

プロパティの名前に「-top」「-right」のように、方向を指定するキーワードをつける
ことで、1つずつ余白を指定することもできます。方向の命名規則はborderと同様です。

一辺ずつ余白を指定する場合

```
01  div.box {
02      padding-top: 40px;      ——— 上の辺
03      padding-right: 20px;    ——— 右の辺
04      padding-bottom: 40px;   ——— 下の辺
05      padding-left: 20px;     ——— 左の辺
06
07      margin-top: 40px;       ——— 上の辺
08      margin-right: auto;     ——— 右の辺
09      margin-bottom: 40px;    ——— 下の辺
10      margin-left: auto;      ——— 左の辺
11  }
```

08 | レスポンシブ対応部分の編集方法

LEARNING

レスポンシブ対応部分は、基本的には自分で編集する必要はありません。ここでは、どうしても自分で調整したい部分がある、という方向けにレスポンシブ対応部分のCSS編集方法を解説します。

☑ | レスポンシブ部分は、基本的に編集する必要ナシ

出鼻をくじくようですが、テンプレートのレスポンシブ対応部分のCSSについては、基本的に編集する必要はありません。本書特典テンプレートではすでに最低限必要なレスポンシブ対応は完了しており、初心者の方が時間と手間をかけて勉強してまでカスタマイズする必要がないように作られています。

ただ、サイトデザインにこだわりぬきたい方には、テンプレートのままだとどうしても気になってしまい、自分で調整したいところが出てきてしまう場合もあるかもしれません。また、本書を読んで自分で一からサイト作りをしてみたくなった、という方にとっては、レスポンシブ対応は避けては通れない道でしょう。ここではそんな方のために、レスポンシブ対応部分のCSSの編集方法を解説します。少し難しい内容を含むので、現時点でレスポンシブ対応部分のカスタマイズを考えていない方は、読み飛ばして問題ありません。必要を感じたら改めて読み返して、チャレンジしてみて下さい。

✓ **レスポンシブ対応CSSの書き方の基本的なルール**

まずは、基本的なレスポンシブ対応CSSの一例を見てみましょう。

レスポンシブ対応CSSの一例

```
01  h2 {
02      font-size: 20px; ——— 通常のh2見出しのフォントサイズが20px
03  }
04
05  @media (min-width: 768px) { ——— 画面横幅768px以上のときに適用されるスタイルここから
06      h2 {
07          font-size: 26px; ——— h2見出しのフォントサイズが26px
08      }
09  } ——— 画面横幅768px以上のときに適用されるスタイルここまで
```

レスポンシブ対応CSSの作り方にはさまざまなものがありますが、**本書特典テンプ レート**ではモバイルファーストの考え方を取り入れています。モバイルファーストとは、スマホなどの画面の小さな端末で見たときにキレイに表示されるCSSを最初に作成して、端末の画面が大きくなった場合のCSSを後で追加する手法のことです。

「@media (min-width: 768px) { … }」の波カッコの中に書かれたスタイルは、画面横幅768px以上のときにだけ適用されます。このような記述のことをメディアクエリと呼びます。

通常、CSSでは波カッコが二重になることはありませんが、メディアクエリを適用している部分では波カッコが入れ子状態になります。編集するとき、波カッコの閉じ忘れなどの文法ミスには十分注意しましょう。
メディアクエリの条件分岐は、以下のように記述することができます。

表4-8-01　メディアクエリの条件分岐の書き方

@media (min-width: 〇〇px)	画面横幅が〇〇px以上のときに適用される
@media (max-width: 〇〇px)	画面横幅が〇〇px以下のときに適用される
@media (min-width: 〇〇px) and (max-width: ××px)	画面横幅が〇〇px以上かつ ××以下のときに適用

自分の好みに合わせて条件分岐を設定することができますが、テンプレートで既に使われている条件と同じ条件で分岐させるのが無難です。本書特典テンプレートでは、以下のような条件分岐を採用しています。

表4-8-02　本書特典テンプレートでの条件分岐

条件なし	小さめのスマホ、ガラケーなど（画面横幅481pxより小さい）
@media (min-width: 481px)	スマホなど（画面横幅481px以上）
@media (min-width: 768px)	タブレットなど（画面横幅768px以上）
@media (min-width: 1030px)	小さめのパソコン（画面横幅1030px以上）
@media (min-width: 1240px)	大きめのパソコン（画面横幅1240px以上）

✔ CSSの優先順位を意識して記述しよう

自分でメディアクエリの記述を増やしたいときには、メディアクエリを書く順番には十分気をつけましょう。
CSSには、後に書かれたものが優先されるという原則があります。例えば、以下のように記述した場合を考えてみましょう。

メディアクエリの書く順番は正しいでしょうか？

```
01  h2 {
02      color: black;
03  }
04
05  @media (min-width: 1000px) {
06      h2 {
07          color: pink;
08      }
09  }
10
11  @media (min-width: 700px) {
12      h2 {
13          color: blue;
14      }
15  }
```

画面幅が小さいときには<h2>見出しの色が黒、横幅700px以上になると青、そして1000px以上になるとピンク色になるように、メディアクエリを記述しました。

しかし、実際にこのように記述してみると、画面幅が1000px以上になっても<h2>見出しは青色のままで、ピンクになることはありません。
この現象は、最後のメディアクエリの条件「min-width: 700px」が、1つ前のメディアクエリの条件「min-width: 1000px」を内包してしまっているために起きています。
メディアクエリを複数記述する場合には、最初に条件のゆるいものを記述し、後ろのほうに条件の厳しいものを記述するのが原則です。
P.163のコードを、意図したとおりに動かすためには、次のように書き換える必要があります。

正しく動作するメディアクエリの書き方

```
01  h2 {
02      color: black;
03  }
04
05  @media (min-width: 700px) {
06      h2 {
07          color: blue;
08      }
09  }
10
11  @media (min-width: 1000px) {
12      h2 {
13          color: pink;
14      }
15  }
```

これなら意図したとおりに色が変化します。

STEP
09 | 自分好みのデザインのパーツを 作ってみよう

LEARNING

CSSへの理解を深めるために、好みのデザインのボックスやリンクボタンを作ってみましょう。
オリジナルのデザインのパーツを作ってみることで、より自分のサイトに愛着が持てるようになります。

✓ | 自分好みの飾りボックスを作ってみよう

ここまで、CSSの基本的な書き方や主要なプロパティについて学びました。次は発展編として、自分好みのデザインボックスなどのパーツを作ってみましょう。飾りボックスとはその名の通り、線や色などで装飾されたボックスのことです。自分の手で実際にCSSを書いて装飾を施してみることで、CSSに対する理解がより深まるはずです。
デザインボックスを作るには、一般的には<div>ボックスに適当なクラスを与え、そのクラスに対して割り当てるスタイルをCSSに記述します。また今回は、適切な余白を把握するために、作成したい<div>ボックスの直後に<p>段落で適当なダミーテキストを配置しました。
特典テンプレートの「noheader.html」と「style.css」をテキストエディタで開いてください。まず、「noheader.html」を「飾りボックス」という単語で検索し、<div class="box2">の下に以下のコードを追加して保存してください。。

template/BASIC/noheader.html

```
01  <div class="box2">
02      <h3>飾りボックスのサンプルです</h3>
03      <p>テキストテキストテキストテキストテキストテキストテキスト<br>
04      テキストテキストテキストテキストテキストテキストテキストテキストテキストテキスト</p>
05  </div>
06
07  <div class="box3">
08  これはbox3クラスのついたdivボックスです。
09  </div>
20  <p>本文本文本文。</p>
```

「style.css」のボックス設定には以下のように追加します。

```
template/BASIC/css/style.css

.box3 {
                                    ← この部分にあとでスタイルを記述していきます
}
```

図4-9-01
box3と本文が表示されました。まだ何のスタイルもあてられていません

本書特典テンプレートでは、box1とbox2のクラス名が既に使われているため、今回
の例ではクラス名をbox3としましたが、自分の好きな名前に変更してかまいません。
ただし、テンプレートですでに使用されているクラス名と同じものをつけると、意図し
ないことが起きる可能性があるのでご注意ください。
box3クラスに何もプロパティを設定していない状態では、<div>ボックスには何も装
飾されていません。<div>の中身に書いたことがそのまま表示されているはずです。

✓ 背景、枠線、余白をつけてみよう

ボックスの大きさを把握するため、まずは背景、枠線、そして余白の順番で設定してみ
ましょう。

```
template/BASIC/css/style.css

01  .box3 {
02      background: #d4f7bc;
03      border: 1px solid black;
04  }
```

背景と枠線から設定していきます

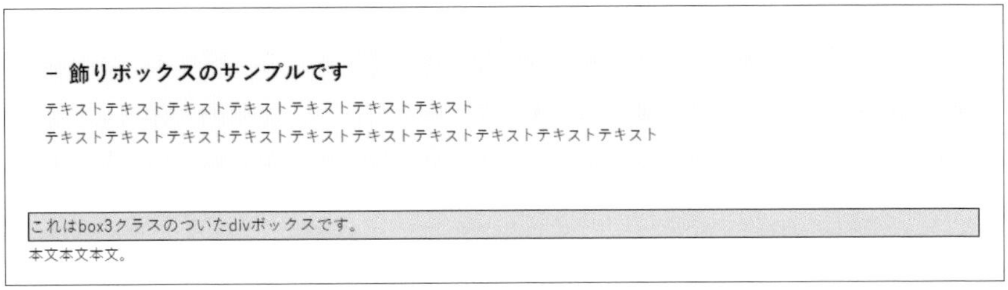

図4-9-02
背景が薄い緑になり、黒い枠線がつきました

このままではボックスの中が窮屈ですし、直後の本文との間にもあまり余白がありません。paddingで内側の余白を、marginで外側の余白を設定しましょう。

template/BASIC/css/style.css

```
01  .box3 {
02      background: #d4f7bc;
03      border: 1px solid black;
04      padding: 15px;
05      margin: 40px auto;
06  }
```

内側の余白（padding）と外側の余白（margin）を設定

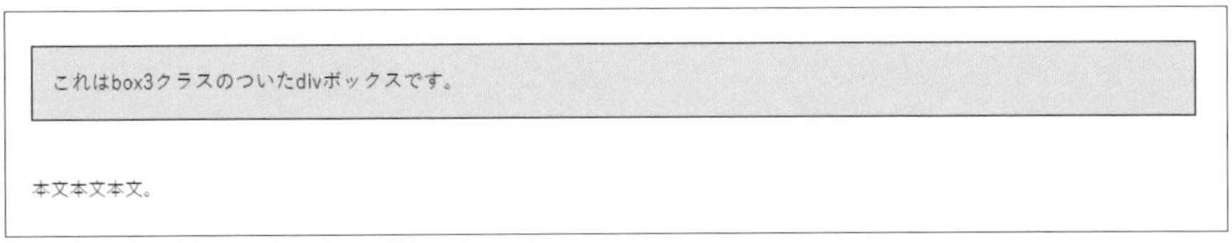

図4-9-03
十分な余白が取れました

更にデザインを追加してみる

せっかくなので、もう少しデザインしてみましょう。

ボックスの角を丸くしたい場合は、border-radiusプロパティを設定します。

template/BASIC/css/style.css

```
01    .box3 {
02        background: #d4f7bc;
03        border: 1px solid black;
04        padding: 15px;
05        margin: 40px auto;
06        border-radius: 10px;
07    }
```

border-radiusで角丸にしてみる

これはbox3クラスのついたdivボックスです。

本文本文本文。

図4-9-04　角が丸くなりました

border-radiusプロパティには、px単位、%単位の数字がよく設定されます。このようなデザインボックスでは、2px〜10pxくらいの角丸がよく使われます。好みの角の丸さを探してみてください。

さらに、box-shadowでボックスに影を落とすこともできます。

template/BASIC/css/style.css

```
01    .box3 {
02        background: #d4f7bc;
03        border: 1px solid black;
04        padding: 15px;
05        margin: 40px auto;
06        border-radius: 10px;
07        box-shadow: 0px 2px 6px 5px #cccccc;
08    }
```

影のぼかしの強さ（影の広がりを設定しない場合のみ省略可）

影の広がり（text-shadowにはなかった値。省略可）

影の色

横方向の影の位置

縦方向の影の位置

box-shadowでボックスに影を落とす

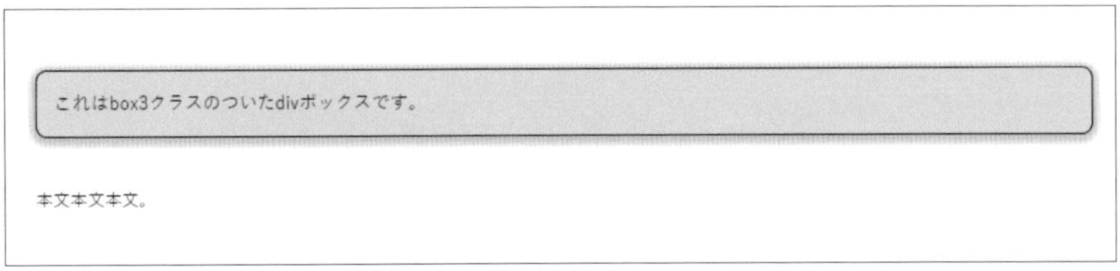

これはbox3クラスのついたdivボックスです。

本文本文本文。

図4-9-05
グレーの影がつきました

box-shadowプロパティは、Chapter4のSTEP04「文字の装飾」（P.134）で紹介したtext-shadowプロパティとよく似ていますが、「影の広がり」を指定することができます。「影の広がり」として指定した大きさだけ影が塗り足されます。負の値を指定して、影の広がりを少なくすることもできます。また、影の広がりを設定しない場合は、値を省略することができます。

✔ 余白の微調整

このままデザインボックスを使用してもいいのですが、デザインボックスの中で<p>段落や見出しタグを使うと、<p>段落や見出しのmarginが悪目立ちして、不要な余白ができているように見える場合があります。

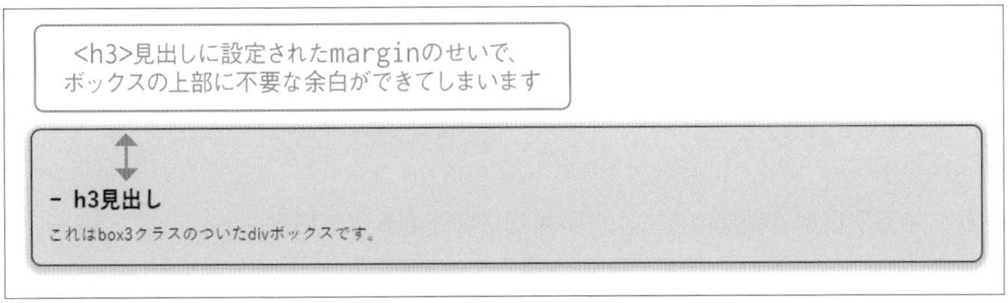

<h3>見出しに設定されたmarginのせいで、ボックスの上部に不要な余白ができてしまいます

- **h3見出し**
これはbox3クラスのついたdivボックスです。

図4-9-06
h3見出しに設定された上部のmarginが、不要な余白を作ってしまいます

このような余白が気になる場合は、以下に示したようなCSSを追加してみてください。

ヒント！

同様のCSSが、box1クラスおよびbox2クラスに設定されているので、style.css内で検索してコピー＆ペーストすると、手打ちによるタイプミスを防止できます。

template/BASIC/css/style.css

```
01   .box3 > *:first-child {
02      margin-top: 0;
03   }
04
05   .box3 > *:last-child {
06      margin-bottom: 0;
07   }
```

「.box3」はそれぞれ作成したボックスのクラスに書き換えてください

ボックスの中の要素から不要な余白を削除する

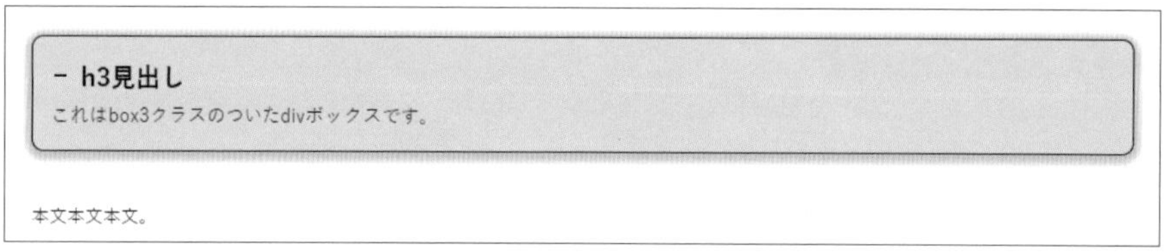

- h3見出し

これはbox3クラスのついたdivボックスです。

本文本文本文。

図4-9-07　不自然な余白が解消されました！

これは、「.box3クラスの直下にある要素のうち、一番最初にある要素の上の余白と、一番最後にある要素の下の余白をゼロにする」という意味のCSSです。「.box3 > *:first-child」など、これまでに紹介していなかった記号や記述が含まれていますね。これらは少し高度な内容になるため、本書では詳しい説明をしていません。各記号・記述の意味は以下の表にまとめています。このほかにもCSSのセレクタにはさまざまな記号が使われています。

表4-9-01　CSSでセレクタの指定に使われる記号等の意味

>	左の要素の直下にある要素
*	すべての要素
:first-child	セレクタを指定する記述に繋げて書く。兄弟要素のうち最初の要素
:last-child	セレクタを指定する記述に繋げて書く。兄弟要素のうち最後の要素

✔ デザインボックスの作例

CSSを工夫することで、かわいい飾りボックスを作ることができます。作例をいくつか紹介するので、自分のサイトの雰囲気にあうものを活用してみてください。色や線の太さを変更してみると、自分のサイトのイメージに合うものが作れますよ。

✔ ふせん風ボックス

sample/chapter4/ch4_step09_1.css

```
01   .box3 {
02       background: #f4f4f4;
03       border-left: 6px solid pink;
04       padding: 15px;
05       margin: 40px auto;
06   }
```

ふせん風ボックスのCSS

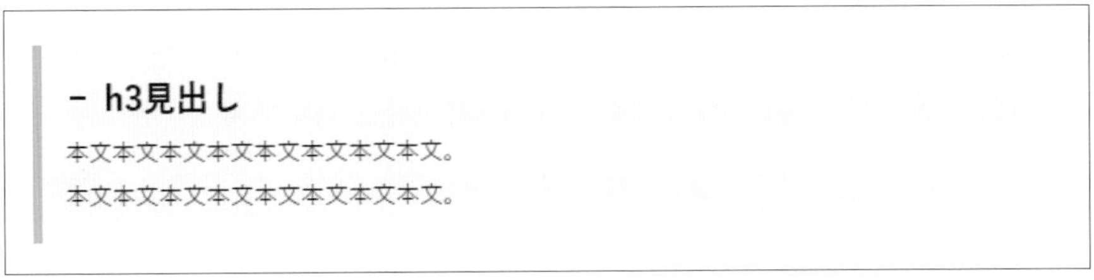

図4-9-08
ふせん風ボックス

✔ ステッチ風ボックス

sample/chapter4/ch4_step09_1.css

```
01   .box3 {
02       background: #e6f9ff;
03       border: 2px dashed #b1c2e0;
04       padding: 15px;
05       margin: 40px auto;
06       box-shadow: 0px 0px 0px 8px #e6f9ff;
07   }
```

ステッチ風ボックスのCSS

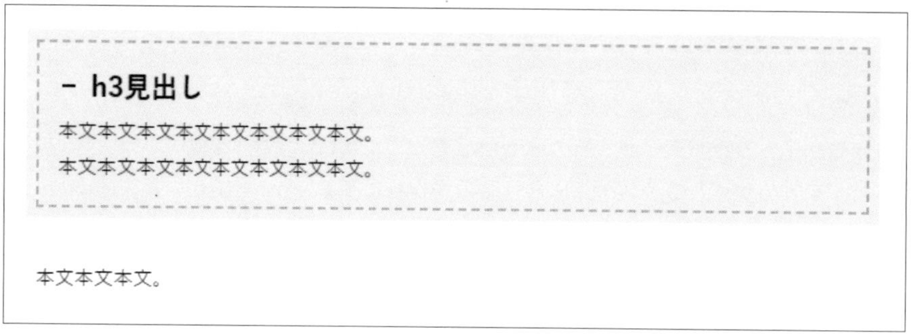

図4-9-09
ステッチ風ボックス

✔ 上下線風ボックス

sample/chapter4/ch4_step09_1.css

```
01  .box3 {
02      background: #ffeeee;
03      border-top: 2px solid #e8acb7;
04      border-bottom: 2px solid #e8acb7;
05      padding: 15px;
06      margin: 40px auto;
07  }
```

上下線ボックスのCSS

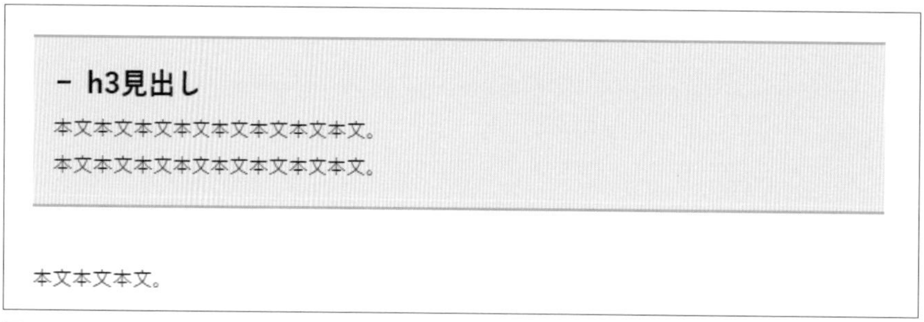

図4-9-10
上下線ボックス

✔ 自分好みのリンクボタンを作ってみよう

デザインボックスと同様に、リンクボタンも自作してみましょう。リンクボタンとは、単純な文字リンクではなく、ボタンのようにデザインされて独立しているリンクのことです。

図4-9-11
テンプレート「BASIC」で使えるリンクボタン

まずはデザインボックスと同様に、ボタンに割り当てるクラスを決めてHTMLで書いてみましょう。リンク先は適当に「#」としておきましょう。

```
template/BASIC/noheader.html
01    <a href="#" class="btn2">
02        リンクボタン
03    </a>
```

リンクボタンの作成準備

```
template/BASIC/css/style.css
01    a.btn2 {
02    ─────────────── ここにスタイルを記述していきます
03    }
```

テンプレートではすでにリンクボタン用のクラスとして「btn」が割り当てられているので、例ではbtn2クラスにしておきましたが、好みの名前のクラスをつけてOKです。これからボタンをスタイリングしていくのですが、<a>リンクをデザインする場合は<div>とは違って、ある記述が必要です。

CHAPTER 4

デザインにもこだわりを！ CSSの基本を知ろう

template/BASIC/css/style.css

```
01   a.btn2 {
02       display: block;
03   }
```

必ずこの1行を書いてください

最初からブロックとして扱われる<div>とは異なり、<a>リンクは文章中に含まれる要素のうちの1つとして扱われる性質を持っています。「display: block;」の1行を記述しておくことで、<a>リンクもブロックとして扱えるようになり、余白などを自由に設定することができるようになります。

✔ 背景や枠線などを、デザインボックスと同様に設定する

あとはデザインボックスと同様に、自分の好みのデザインにしていきます。背景色や枠線に加えて、文字色、文字サイズなども設定するとよいでしょう。また、文字を中央に寄せる場合は「text-align: center;」を記述します。

template/BASIC/css/style.css

```
01   a.btn2 {
02       display: block;
03       background: #d32a57;
04       color: white;
05       font-size: 18px;
06       padding: 15px 30px;
07       margin: 40px auto;
08       text-align: center;
09   }
```

リンクボタンをスタイリングしていきます

図4-9-12　このような感じになりました

このままではボタンが横幅いっぱいに広がってしまうので、リンク文字列の長さに応じて可変にしましょう。

```
template/BASIC/css/style.css

01   a.btn2 {
02       display: block;
03       background: #d32a57;
04       color: white;
05       font-size: 18px;
06       padding: 15px 30px;
07       margin: 40px auto;
08       text-align: center;
09       width: -webkit-fit-content;
10       width: -moz-fit-content;
11       width: fit-content;
12       min-width: 150px;
13   }
```

CHAPTER 4　デザインにもこだわりを！　CSSの基本を知ろう

widthに3つの値が設定されていますが、すべて「fit-content」、つまり要素の中身の大きさに応じて可変にするという指示を意味するものです。単純に「fit-content」だけではFirefoxなどの1部のブラウザに対応できないため、通例として-webkit-fit-contentおよび-moz-fit-contentの値を先に記述しておきます。これらの記述は、btnクラスについての記述をコピー＆ペーストすれば、手打ちによるタイプミスを防げます。

min-widthプロパティは、要素のwidthの値が可変のとき、最小の幅を決めるためのプロパティです。リンク文字列があまりにも短い場合に、リンクボタンが小さくなりすぎてしまうのを防ぎます。

図4-9-13
ここまで設定するとリンクボタンらしくなりました

このままでも十分よさそうですが、実際にボタンをクリックしようとすると、カーソルをボタンに合わせてもリンクボタンの見た目が変わらないと、ここがクリックできるとは判断しにくいかもしれません。そこで次は、ボタンにカーソルを合わせたときのデザインを設定してみましょう。

```
01    a.btn2:hover {
02    ─────────────────────  ここにカーソルを合わせたときの設定を記述します
03    }
```

要素にカーソルを合わせたときのスタイルは、セレクタの要素の名前に続けて
「:hover」と記述することで設定できます。要素の名前と「:hover」との間に、半角
スペースなどを入れないように気を付けてください。
今回は、カーソルを合わせるとリンクボタンが少し淡い色になるようにします。

template/BASIC/css/style.css

```
01    a.btn2:hover {
02        background: #ff668f;
03    }
```

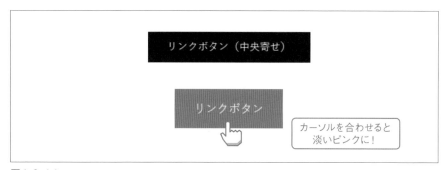

図4-9-14
カーソルを合わせると色が変わります

STEP

10 | CSSが効かないときは

LEARNING

CSSに変更を加えてブラウザで確認しても変更が反映されない場合の対処法を紹介。まずはキャッシュをクリアして、それでもダメならCSSの書き方に誤りがないか、1つずつ確認しましょう。よくあるCSSの記述ミスの具体的な例や、CSSの優先度について解説します。

✓ | CSSを変更しても、ブラウザで反映されない？

CSSのカスタマイズを行って、いざブラウザで見てみたときに、確かに変更したはずの箇所が変わっていない……なんてことは、初心者だけではなくプロの仕事現場でもよくあることです。原因にはさまざまなことが考えられますが、ここに書かれている順番に沿って検証していけば、必ず原因が分かるはず。あせらずに1つずつ確認してみましょう。

✓ ブラウザにキャッシュが残っていないか

もっともよくある原因がこのパターンです。
本書のはじめ、Chapter1でも説明したように、ブラウザにはキャッシュという機能がついています。この機能は、サイトを初めて訪問したときに、HTMLやCSSなどの1部のファイルをあらかじめ端末に保存しておいて、次回訪問したときに端末に保存したファイルを参照するというものです。同じサイトを訪問するたびにすべてのファイルを読み込み直すと時間がかかるため、サイト表示の高速化の目的でキャッシュが利用されています。

特にCSSは、そうそう変更の加わるファイルではないためキャッシュの対象になりやすく、せっかくCSSを更新したのに変更が反映されないということは、よくあるトラブルです。
この問題の対処法は、ブラウザのキャッシュをクリアしたのち、改めてサイトを再読み込みすることです。キャッシュのクリア方法はブラウザによって異なります。ここではGoogle Chromeの方法を紹介しますが、それ以外のブラウザをお使いの場合は検索エンジンなどで調べてみてください。

✓ Google Chromeの場合

メニューから「設定」を開き、「プライバシーとセキュリティ」から「閲覧履歴データの削除」を選択します。「キャッシュされた画像とファイル」にチェックを入れて「データを削除」をクリックしましょう。

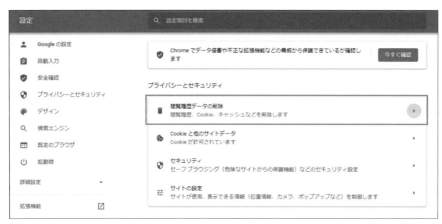

図4-10-01　Google Chromeの「設定」の画面

✓ CSSの記述は間違っていないか

キャッシュをクリアして再読み込みしてもCSSが反映されない場合は、CSSの記述に誤りがないか確認してみましょう。CSSに限ったことではありませんが、プログラミング言語においては、たった1文字の過不足や記述ミスが原因で、意図したとおりに動かなくなってしまうことがよくあります。

CSSによくある記述ミスを1つずつ見ていきましょう。

✓ 波カッコの数が合っていない

> **波カッコが足りなかったり、余分だったりする例**

```
01  a {
02      text-decoration: none;
03      color: #c75e70;
04  ──────────── 閉じカッコがない
05  a:hover {
06      color: #f696a6;
07  }
08  } ──────────── 閉じカッコが2つある
```

波カッコの閉じ忘れや、余分な波カッコがあると、その部分のCSSが無効になる場合があります。CSSでは通常、レスポンシブ対応のためのメディアクエリ部分以外は、波カッコが二重になることはありません。直前に編集した箇所をよく確認して、波カッコの閉じ忘れや余分がないかチェックしてみましょう。

✔ スペースや記号が全角になっている

特に半角スペースと全角スペースは区別がつきにくく、パッと見ではタイプミスをしても気付かないものです。テキストエディタに付属の検索機能で全角スペース、全角コロン、全角セミコロンなどを検索してみて、不要なところにこれらの全角記号が入ってしまっていないか確認しましょう。

✔ 行末にセミコロンの打ち忘れ

CSSでは通常、プロパティを1行記述するごとに、行末に半角セミコロン「;」を打つ必要があります。これを忘れてしまったり、誤って半角コロン「:」を打ってしまったりすると、その部分のCSSが無効になってしまいます。

パッと見では判断がつきづらいミスです

```
01   a.btn {
02       display: block;
03       color: white         ———————— 半角セミコロンがない
04       background-color: black;
05       padding: 3px 20px:   ———————— 誤って半角コロンを打ってしまっている
06   }
```

✔ クオーテーションマークを別の記号と間違えて使っている

CSSで、フォント名などを囲むのによく使われる半角シングルクオーテーションマーク（'）を、半角バッククォート（`）などのよく似た記号と間違えてしまっているパターンもあります。
シングルクオーテーションマークは通常のキーボードでは、[Shift] ＋ [7] で変換できます。

他のCSSの記述が優先されていないか

CSSのセレクタには優先順位があり、優先順位の高いものほど優先して適用されます。あなたの書いたCSSよりも優先順位の高い記述が、実はすでに存在しているのかもしれません。

以下に代表的なCSSセレクタの優先順位の決まりを紹介します。上に紹介しているものほど優先順位が高く、下へ行くほど優先順位が低くなります。

✔ !importantが最優先

プロパティ値に!importantをつけると、最優先される

```
01  a {
02  color: black !important;
03  }
04
05  a {
06  color: pink;
07  }
```

プロパティ値の後ろに「!important」を添えると、その記述が最優先になります。この例では、<a>リンクタグの色はblackが適用されます。

✔ ID、クラスが指定されると優先度が上がる

IDやクラスがセレクタに指定されている

```
01  a#id {
02  color: black;
03  }
04
05  a.class {
06  color: blue;
07  }
08
09  a {
10  color: pink;
11  }
```

IDやクラスが指定されている場合、何も指定されていないものよりも優先されます。
また、クラスとIDではIDの方が優先順位が高くなります。

上の例では、クラスやIDのないリンク文字列はpinkが適用されますが、「class」クラスを持つものにはblueが適用されます。また、クラスとIDではIDが優先されるため、「class」クラスと「id」IDの両方を持つリンク文字列には、blackが適用されます。

✓ セレクタの要素が入れ子構造だと優先度が上がる

セレクタの要素が入れ子構造になっている

```
01  div a {
02      color: black;
03  }
04
05  a {
06      color: pink;
07  }
```

セレクタの要素が入れ子になっている場合は、入れ子になっていないものに比べて優先度が上がります。上の例では、<div>に入っていないリンクタグの文字色にはpinkが適用されますが、<div>に入っているリンクタグの文字色にはblackが適用されます。

✓ 下の方に書かれていると優先度が上がる

まったく同じセレクタに対する記述がある場合は、下が優先される

```
01  a {
02      color: pink;
03  }
04
05  a {
06      color: black;
07  }
```

セレクタおよびプロパティがまったく同じものが存在している場合、下の方に書かれた記述が優先されます。上の例では、<a>リンクタグの文字色はblackが適用されます。

☑️ どうしても分からなければ、デベロッパーツールを使って検証しよう

どうしてもCSSのミスが見つけられない場合には、デベロッパーツールを使って検証してみることをオススメします。現在閲覧しているサイトにどんなCSSが適用されているのかが一目で分かる、とても便利なツールです。ブラウザに標準で搭載されている機能なので、何か新しくソフトをインストールしたりする必要もなく、パソコンとブラウザがあればすぐに使えます。

デベロッパーツールの詳しい使い方は、Chapter5のSTEP06「CSS編集で困ったときはデベロッパーツール」(P.209) を参照してください。

STEP 11 | よく使う CSSプロパティリスト

LEARNING

テンプレートをカスタマイズするときによく使いそうなCSSプロパティをまとめました。HTMLタグと同様にすべてを覚える必要はなく、分からないものは調べて使えたら問題ありません。プロパティにはこれ以外にもさまざまなものがあるので、必要に応じて調べてみましょう。

用　途	プロパティ	設定できる値	備　考
文字の色を変える	color	色の英語名 カラーコード RGB値	
文字の大きさを変える	font-size	px、em、rem、%	
フォントの種類を指定する	font-family	フォントの名前	font-familyメーカーを使って設定するとカンタン
フォントの太さを指定する	font-weight	normal（400と同じ） bold（700と同じ） 100～900の任意の数値 （通常100刻みで指定する）	ほとんどのフォントでは9種類の太さが用意されておらず、normalとboldで事足りることが多い
字間の広さを指定する	letter-spacing	px、em、rem、%など	
行間の広さを指定する	line-height	px、em、rem、%など	
文字の位置を指定する	text-align	left（左寄せ） right（右寄せ） center（中央寄せ）	
文字の装飾を指定する	text-decoration	none（装飾なし） underline（下線） line-through（打消し線）	
背景を指定する	background	色、画像、繰り返し設定などを一括指定できる	
背景色を指定する	background-color	色の英語名 カラーコード RGB値	
背景画像を指定する	background-image	url('ここに画像のパス')	
背景画像の繰り返しを指定する	background-repeat	no-repeat（繰り返しなし） repeat（全面に敷き詰める） repeat-x（横方向のみ繰り返す） repeat-y（縦方向のみ繰り返す）	
背景画像の位置を指定する	background-position	right, left, top, bottom, centerの組み合わせもしくは%単位で横方向、縦方向の順番で2つの値を半角スペースで区切る	

CHAPTER 4

デザインにもこだわりを！　CSSの基本を知ろう

用　途	プロパティ	設定できる値	備　考
背景画像を固定する	background-attachment	fixed（固定する）	
背景画像のサイズを変える	background-size	%、pxなどの数値で画像の横幅を固定 contain（画像が見切れない最大サイズにする） cover（画像が見切れるが、表示エリア全体を画像で覆う）	
文字の影を指定する	text-shadow	「横方向の影の位置」「縦方向の影の位置」「影のぼかしの強さ」「影の色」の順に半角スペースで区切って指定する 例：2px 2px 6px gray	影のぼかしの強さは省略可能
枠線を追加する	border	「枠線の太さ」「線の種類」「線の色」を半角スペースで区切って指定する	線の種類は solid（一重の実線） dotted（点線） dashed（破線） double（二重の実線）
内側の余白を指定する	padding	詳細はChapter4のSTEP07「余白の設定」	
外側の余白を指定する	margin	詳細はChapter4のSTEP07「余白の設定」	
ボックスの影を指定する	box-shadow	「横方向の影の位置」「縦方向の影の位置」「影のぼかしの強さ」「影の広がり」「影の色」の順に半角スペースで区切って指定する 例：2px 2px 6px gray	影の広がりは省略可能 影の広がりを省略した場合、影のぼかしの強さは省略可能
ボックスの角を丸める	border-radius	px、%など	
透過度を指定する	opacity	0～1の数値 0は完全に透明、1は完全に不透明 文字なども透けるため注意	
アニメーション速度を指定する	transition	カーソルを合わせたときに色が変わる要素などについて、アニメーション速度を設定できる 単位はs（秒） 例：0.3s	
横幅を指定する	width	px、%など	
縦幅を指定する	height	px、%など	
最小横幅を指定する	min-width	px、%など	
最大横幅を指定する	max-width	px、%など	
最小縦幅を指定する	min-height	px、%など	
最大縦幅を指定する	max-height	px、%など	
要素の位置を指定する	position	relative（初期値、相対的な位置） absolute（親要素に対して絶対的な位置） fixed（絶対的な位置、スクロールすると親要素の範囲内で追従する）	
要素からはみ出た部分の処理を指定する	overflow	visible（初期値、表示する） hidden（はみ出た部分は非表示にする） scroll（スクロールで表示させる）	
字下げする	text-indent	em、pxなど	

CHAPTER **5**

もっと楽しくサイト制作!
便利なツールを使ってみよう

HTMLとCSSについて、しっかり基本を理解したら、テンプレートの編集ももう怖くないはず。ここからは、サイトの編集がもっと楽しくなる素材サイトや、更新を楽にするTipsを紹介します。

01 テキストエディタの 便利な機能を活用しよう

LEARNING

作業に伴う「めんどくさい」を削減すれば、サイトの運営・更新がもっと楽しくなります。プログラミング用テキストエディタの便利な機能を活用して、作業を効率化しましょう。

☑ テキストエディタの機能を使いこなして作業効率化しよう

プログラミング用テキストエディタには、作業を効率化するためのさまざまな機能があります。主要な機能のショートカットキー割り当ては、たいてい、どのテキストエディタでも共通しています。よく使いそうなものを紹介するので、ぜひ使いこなして作業を効率化してください。

☑ 作業を効率化！　基本のショートカット

- 保存する
  [Ctrl] + [S] (Macの場合、[command] + [S])
- 元に戻す
  [Ctrl] + [Z] (Macの場合、[command] + [Z])
- 先に進む
  [Ctrl] + [Y] (Macの場合、[command] + [Y])
- すべて選択する
  [Ctrl] + [A] (Macの場合、[command] + [A])
- コピーする
  [Ctrl] + [C] (Macの場合、[command] + [C])
- カットする
  [Ctrl] + [X] (Macの場合、[command] + [X])
- ペーストする
  [Ctrl] + [V] (Macの場合、[command] + [V])

✔ 検索、置換機能を使う

[Ctrl] + [F] （Macの場合、[command] + [F]）

特定の語句を検索したり、別の語句に一括で置き換えたりすることができます。
サイトのカラーを変更したい場合に、CSS内の変更したいカラーコードを一括で置換
することができます。

✔ ファイルを横断して検索する

[Shift] + [Ctrl] + [F]
（Macの場合、[Shift] + [command] + [F]）

普通の検索機能ではひとつのファイルの中でしか検索できませんが、この検索方法なら
現在編集しているフォルダに存在するすべてのファイルの中身を、一括で検索すること
ができます。この検索を実行すると、検索語句が含まれるファイルの一覧が、検索語句
の存在する行数とともに表示されます。
複数のファイルに渡って文字列の置換などの修正が発生した場合に便利です。

✔ 選択行の削除、複製、上下移動を使う

● 行の削除
[Ctrl] + [Shift] + [K]
（Macの場合、[command] + [Shift] + [K]）
● 行の複製
[Ctrl] + [Shift] + [D]
（Macの場合、[command] + [Shift] + [D]）
● 行の上下移動
[Ctrl] + [↑]もしくは[↓]
（Macの場合、[Ctrl] + [Shift] + [↑]もしくは[↓]）

現在選択している行を削除、複製、上下に移動させます。

※ここで紹介しているショートカットは、一部のテキストエディタでは異なる操作が割り当てられてい
　ることがあります。お使いのテキストエディタを確認してみましょう。

✔ 指定した行にジャンプする

[Ctrl] + [G] (Macの場合、[command] + [G])

デベロッパーツールでCSSを検証するときなどによく使用します。ショートカット
キーを入力して出てきたボックスの中に行数を入力すると、その箇所にジャンプします。

✔ マルチカーソル（複数箇所にカーソルを合わせる）を使う

[Ctrl] (Macの場合、[command]) を押したまま、編集したい複数の箇所をク
リック

複数箇所に同じ内容の編集を加えたいときに便利です。

STEP 02 | HTML・CSSタグの ジェネレータを活用しよう

LEARNING

CSSを習得することで、より複雑なデザインが表現できます。でも全部を自分で勉強して書くのは大変……というときは、ジェネレーターを活用しましょう。初心者でも簡単に実現できますよ。

☑ | ジェネレータを使って、サイト制作をもっと楽しく！

ここまでで解説してきたHTMLやCSSはあくまで基本。HTMLとCSSのさまざまな技を駆使すれば、フキダシ型のボックスやグラデーション背景などの凝ったデザインを、画像を使わなくても実現することができます。

しかし、自分で勉強してコードを書くのはとても大変です。そんなときに利用したいのが、有志の方たちが公開しているジェネレーターです。条件をテキストボックスに入力したり、調整バーをいじったりするだけで、自分好みのデザインボックスや、グラデーション背景などのHTML・CSSコードを作ることができます。

☑ 影付き・角丸ボックスを生成。box-shadowジェネレーター

● box-shadowジェネレーター
　https://www.bad-company.jp/box-shadow

box-shadowによる影を生成することができます。ボタン型のジェネレーターとカード型のジェネレーターがあり、操作もバーを動かすだけで直観的に試作できます。box-shadowの他にもborder-radius（角丸）や、border（枠線）、ボックスのbackground（背景色）などを変更することができます。

図5-2-01
box-shadowジェネレーター

✓ 画像なしで背景をしましまに! CSS STRIPE GENERATOR

● CSS STRIPE GENERATOR
https://css-stripe-generator.firebaseapp.com/

図5-2-02
CSS STRIPE GENERATOR

実は、CSSだけで背景をしましまにすることもできるんです。

CSS STRIPE GENERATORを使えば、しましま背景も思いのままに。操作もカンタンで、背景色、ラインの太さと角度と色、ライン同士の間隔を入力するだけ。また、複数のストライプを重ねて、チェック模様のようにすることもできます。

1点だけ注意して欲しいのが、生成されたCSSコードをコピーするとき。サイトをスクロールして下の方にコードが表示されているのですが、初期では「sass」コードにチェックが入っています。sassはCSSコードととてもよく似ていますが、別物なのでご注意ください（といっても、行末にセミコロンがあるかないかの違いですが）。コードをコピーするときは、「scss/css」と書かれたラジオボタンにチェックを入れてからコピーしましょう。

図5-2-03
「scss/css」にチェックを入れてコードをコピーしましょう

✔ グラデーションもCSSで。 CSS Gradient

● CSS Gradient
https://cssgradient.io/

グラデーション背景もCSSだけで実現することができます。CSS Gradientは、海外のサイトではありますが、見た目で直観的に操作できるので、英語の不得意な方にもオススメできるグラデーションCSSジェネレータです。
CSSでは直線グラデーションと円形グラデーションの2種類を作ることができます。左下の「Linear（直線）」「Radial（円形）」から好みのグラデーションを選択し、上部のバーに表示されているスライダーを選択して色を変更します。また、下部にある円形のアイコンを使えば、グラデーションの角度を変更することもできます。
グラデーションが完成したら、下の方へ画面をスクロールしてCSSコードを取得しましょう。

図5-2-04
CSS Gradient

192

✔ フキダシのようなボックスが作れる**CSS ARROW PLEASE**

● CSS ARROW PLEASE
https://cssarrowplease.com/

フキダシ型のボックス、どこかのサイトで見たことがある方も多いのでは？ このような
ボックスも、実はCSSだけで作れます。

CSS ARROW PLEASEも海外のサイトですが、操作はカンタンです。フキダシの
しっぽの位置を「Position」、しっぽのサイズを「Size」、ボックスの色を「Color」
で指定します。枠線の太さと色はそれぞれ「Border width」「Border color」で指
定します。

右側にCSSが生成されるのでコピーし、CSSファイルなどにペーストします。あとは
HTMLの中で<div>要素に「arrow_box」クラスを与えれば、フキダシ型ボックス
が出来上がりです。

ただ、実際にarrow_boxを使ってみると、フキダシの内側の余白がなくて少し不格好
になる場合があります。そんなときは、.arrow_boxクラスにpaddingプロパティを
設定して調整してみましょう。paddingプロパティの設定については、Chapter4の
STEP07「余白の設定」（P.158）で詳しく解説しています。

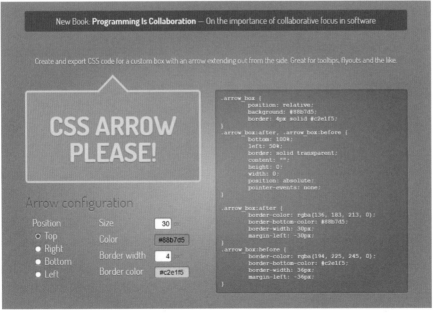

図5-2-05
CSS ARROW PLEASE

STEP

03 | 配色ツールを利用してみよう

LEARNING

サイトの配色を決めるときに役立つサイトを紹介。印象別のカラーパレットが選べる「配色パターン見本40選」、カラーサークルから配色を生成できる「Adobe Color」、日本の伝統色一覧「NIPPON COLORS」……etc.、見ているだけでも楽しいサイトばかりです。

☑ | 色選びに悩んだら、ツールを活用しよう

サイトにオリジナリティを持たせたいときに重要なのが色選び。しかし、いざ配色を決めようと思うと案外悩んでしまうものです。
ウェブ上にはさまざまな配色ツールが公開されています。これを利用すれば、配色センスに自信がない……なんて方でも、サイトを自分好みの色に仕上げることができるはず。オススメのものをいくつか紹介するので、活用してみてください。

☑ 便利なプレビュー機能つき「配色パターン見本40選」

図5-3-01
配色パターン見本40選

● 配色パターン見本40選
https://saruwakakun.com/design/gallery/palette

Chapter4でも紹介した「font-familyメーカー」を提供している、サルワカというサイトの運営するコンテンツです。

さまざまな配色パレットが「万人受けする配色」「親近感を感じさせる配色」「クール系の配色パターン」「元気・アクティブ系の配色パターン」「かわいい系の配色パターン」「個性的な配色」の6つのカテゴリーに分類され、紹介されています。

このサイトの優れたところは、気に入ったカラーパレットをクリックすると、小さなプレビューが画面右に反映されるところです。実際にサイトにカラーパレットを適用したときにどうなるか、イメージしやすく便利です。

✔ カラーサークルから配色を作れる「Adobe Color」

● Adobe Color
https://color.adobe.com/ja/create/color-wheel

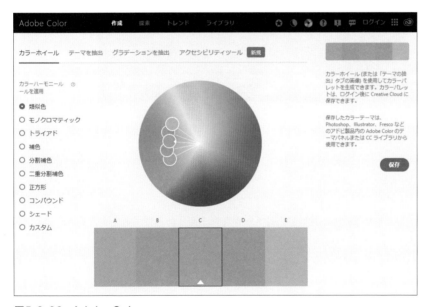

図5-3-02　Adobe Color

Adobe Colorは、ブラウザ上でカラーサークル上のポインタをぐりぐり動かすと、配色パレットが自動で作られるサービスです。左側のサイドバーに表示されている「類似色」「モノクロマティック」「トライアド」などの配色ルール名をクリックすることで、ポインタの配置が切り替わります。サイトのテーマカラーは決まっていて、サブカラーに悩んでいるという方にオススメのサービスです。

✔ 美しい日本の伝統色図鑑「NIPPON COLORS」

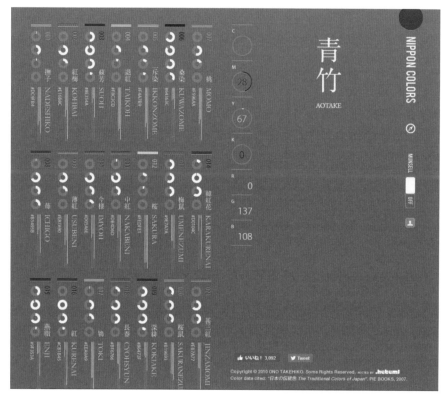

図5-3-03
NIPPON COLORS

● 美しい日本の伝統色図鑑「NIPPON COLORS」
　https://nipponcolors.com/

NIPPON COLORSは、日本の伝統色を美しいアニメーションで楽しめるサイトです。
配色ツールというよりは、色図鑑という雰囲気があります。色とりどりの伝統色とその
名前を眺めているだけでも楽しめます。和風のサイトを作りたい方にオススメです。

04 | Twitterタイムラインを埋め込んでみよう

LEARNING

せっかく作った個人サイト。各種SNSへのリンクもまとめておきたいですよね。Twitterタイムラインをサイトに埋め込むのは意外と簡単。ぜひ、挑戦してみてください。

☑ | Twitterタイムラインの埋め込みコードを作ろう

企業サイトなどで、Twitterのタイムラインが埋め込まれているのを見たことがある人は多いはず。実はこのような外部サイト埋め込みも、意外と簡単にできてしまうんです。Twitterタイムラインをサイトに埋め込めば、サイトそのものを更新していなくても管理者がTwitterで活動していることを知ってもらうことができます。また、サイトを訪問してくれた人が、Twitterアカウントをフォローしてくれるかもしれません。
Twitterに限らず、SNSなどのサイトの埋め込みコードは、たいてい公式サイトで生成することができます。ここでは、Twitterのタイムラインの埋め込み方をスクリーンショットつきで解説します。

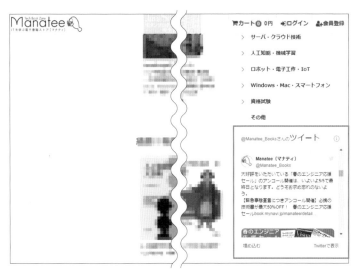

図5-4-01　Twitterタイムラインが埋め込まれているウェブサイト

✔ 埋め込みコード生成ページにアクセスする

まずは「https://publish.twitter.com/」へアクセスします。「Twitter Publish」
の単語で検索をかけてもOKです。

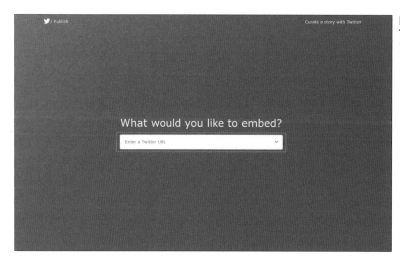

図5-4-02
Twitter Publishに
アクセス

図5-4-02のようなサイトにアクセスすることができます。
「Enter a Twitter URL」と書かれたボックスがあるので、ここに埋め込みたいタイム
ラインのURLや、埋め込みたいアカウントのID名などを入力します。

アカウントIDを入力してEnterキーを押すと、以下のような画面になります。タイム
ライン埋め込みコードを生成したいのか、ツイートボタンを生成したいのかと質問され
ています。今回はタイムラインを埋め込みたいので、左の「Embedded Timeline」
をクリックします。

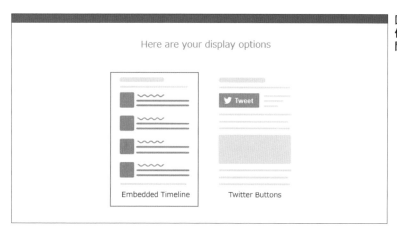

図5-4-03
何を生成したいかを
聞かれます

すると埋め込みコードが生成されます。

このまま使ってもいいのですが、せっかくなので少し設定を変更してみましょう。上部にある「set customization options」と書かれた青い文字をクリックします。

図5-4-04
埋め込みコードができました！

すると、設定画面が表示されました。ここで、表示するタイムラインのサイズや色、言語を変更することができます。

図5-4-05
埋め込みの設定画面です

● Height
タイムラインの縦の高さです。ここに何も入力しないと、縦の長さが画面からはみ出る
ほど長くなってしまうため、必ず入力しましょう。300px 〜 500px くらいが目安です。

● Width
タイムラインの横幅です。空にしておくと、横幅いっぱいに広がる設定になります。数値
を入力すると、横幅よりも画面の幅が狭くなったときは画面幅に合わせて伸縮するように
なります。

● Lightと書かれたプルダウン
デザインを「ライトテーマ」「ダークテーマ」から選べます。明るい雰囲気のサイトな
らライト、暗い色がベースのサイトならダークテーマが合います。

● Automaticと書かれたプルダウン
言語設定です。Automatic（自動）のままでも問題ありません。

● Opt-out of tailoring Twitter チェックボックス
「Twitterの最適化のための情報送信を拒否する」という意味です。

初期ではチェックが入っていません。この
状態だと訪問者がこのアカウントの埋め込
みを閲覧したことがTwitterに送信され、
埋め込まれたアカウントが「おすすめアカ
ウント」として表示される仕組みです。埋
め込んだタイムラインをおすすめアカウン
トに表示させたければそのまま、表示させ
たくないならチェックを入れましょう。

項目を設定し終えたら、「Update」と書
かれた青色のボタンをクリックすれば、埋
め込みコードが更新されます。あとはこの
コードをコピーして、HTMLファイルの
タイムラインを埋め込みたいところにペー
ストするだけです。

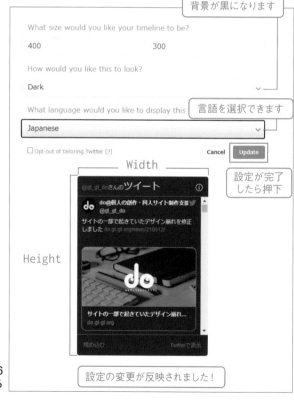

図5-4-06
大きさや背景色をカスタマイズできる

STEP

05 | フリー素材を活用しよう

LEARNING

小説サイトなどでも、サイトは華やかにしたいもの。そういう場合はフリー素材サイトを活用してみましょう。利用規約を読むことの大切さや、創作・同人サイトにも使えるオススメのフリー素材サイトもいくつか紹介しています。

✓ | フリー素材でサイトをもっと華やかに

サイトにもっと個性を出して華やかにするのに欠かせないのが、写真や壁紙などの素材です。

検索エンジンで「写真　フリー素材」などの語句を検索すればたくさんのサイトが出てきます。自分で好みのサイトを探してみるのもよいですが、創作・同人サイトで利用するにあたっては、特に以下のことには注意を払いましょう。

- ・利用のための条件（配布元サイトへのリンクやクレジット表記が必須などの条件がついている場合がある）
- ・成人向けコンテンツを扱うサイトでの利用の可否（サイト内で成人向けコンテンツを扱っている場合）
- ・画像の加工の可否（加工して利用したい場合）

フリー素材とはいえ、どんな使い方をしてもよいというわけではありません。トラブル防止のためにも、利用にあたっては必ず自分で利用規約やライセンス、Q&Aに目を通し、自分の目的に合った使い方ができるか、よく確認しましょう。

数あるフリー素材サイトの中から、創作・同人サイトにも使えて、サイトの雰囲気に合うものを探し出すのはなかなか大変です。そこで、創作・同人サイトにもオススメできるフリー素材サイトをいくつか紹介します。

☑ ガーリーでキュートな写真がたくさん! GIRLY DROP

図5-5-01　GIRLY DROP

● GIRLY DROP
https://girlydrop.com/
※成人向けコンテンツなどを扱っているサイトには利用できません。使用の際は、利用規約の禁止事項をよく確認してください。

GIRLY DROPはその名の通り、ガーリーで可愛らしい写真素材がたくさん配布されているサイトです。写真のモチーフも女の子、スイーツ、コスメ、カフェ、花や植物など、フェミニンなものが多いです。

創作サイト向けの老舗素材サイト。NEO HIMEISM

図5-5-02　NEO HIMEISM

● NEO HIMEISM
https://neo-himeism.net/

2004年から運営されている老舗の素材サイト。運営者さんも創作活動をしている方なので、創作・同人サイトでも安心して使えます。特に写真素材は2000点以上あるうえにどれも質がよく、演出したいサイトの雰囲気にぴったりのものが見つかりそう。

✔️ 海外発のオシャレな写真素材がたくさん、**Unsplash**

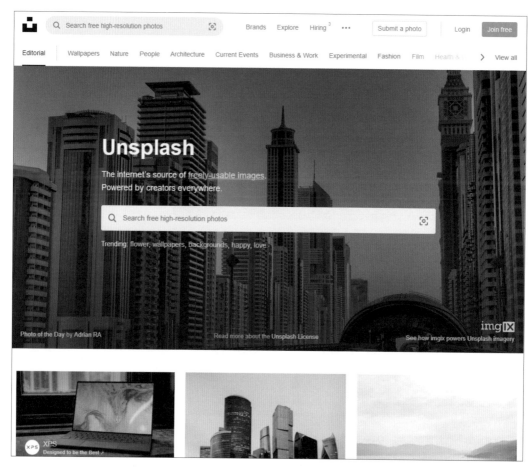

図5-5-03　Unsplash

● Unsplash
　https://unsplash.com/

こちらは海外サイトですが、海外らしいオシャレな雰囲気の写真がとにかく大量に配布
されています。利用規約ももちろん英語なのですが、2021年5月時点では「すべての
写真は商用・非商用問わず、許可なく自由にダウンロード・利用できます」と書かれて
います。

※ 上記は執筆時点での情報です。このサイトに限らず、素材サイトなどを使用する際には規約を
　しっかり確認しましょう。

✔ 個性的な背景素材が手に入る、Bg-patterns

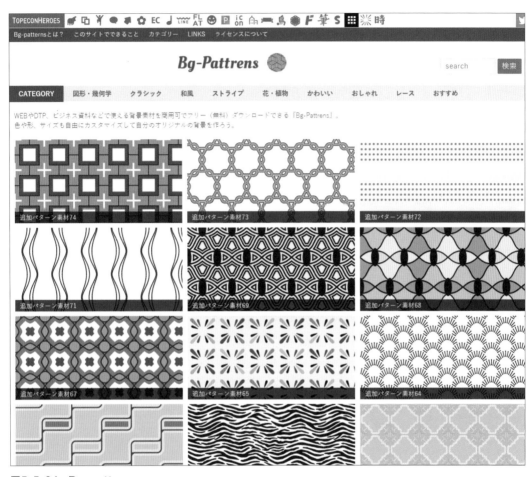

図5-5-04　Bg-patterns

● Bg-patterns
　http://bg-patterns.com/

繰り返し背景画像として使える、シームレスパターン素材がたくさん配布されています。
同じパターンの中でも色違いが何色か用意されていたり、パターンのサイズを変更する
ことができるため、自分の好みにぴたりとハマるものが見つけやすそうです。

✔ 飾り線素材が大量！ FREE LINE DESIGN

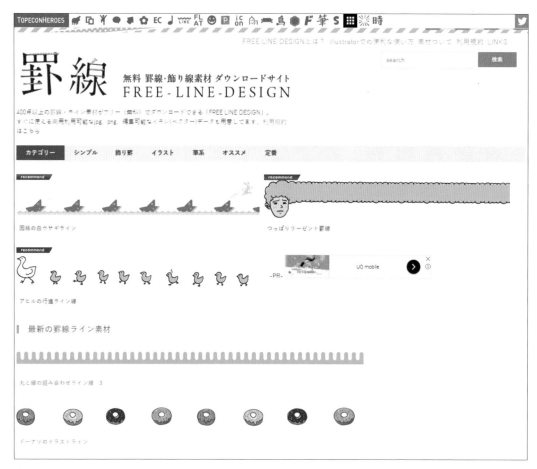

図5-5-05　FREE LINE DESIGN

● FREE LINE DESIGN
　http://free-line-design.com/

こちらは飾り線専門の素材サイト。シンプルで使いやすそうなものから、ちょっと他で
は見ないような個性的なものまで、いろいろなものが用意されていて見ているだけでも
楽しいサイトです。

もっと知りたい！

SVGファイルって何？

本書特典テンプレートでは、アイコンや飾りライン画像などにSVGファイルを採用しています。また、最近のフリー素材配布サイトでは、JPGやPNGとは別に、SVG形式の素材を配布しているところもあります。

SVGの最大の特徴は、ピクセルの集まりであるJPGやPNGとは異なり、ベクターデータであるということです。ベクターデータというと、代表的なものはAdobeのIllustratorで作られたAIファイルですね。Illustratorを扱ったことがある方なら分かると思いますが、ベクターで作られたものは、どれだけ拡大しても画像が劣化することがないという特徴があります。

SVGはウェブ上でも使えるベクターファイルです。キレイでかつ軽量なので、近年はよくウェブサイトに利用されています。特にアイコンのように色数が少なくシンプルな画像の表現に向いています。

本書特典テンプレートに付属のSVG飾りライン画像を使うには、以下のコードを記述します。「noheader.html」に同様のコードが例示されているので、コピー＆ペーストで利用しても構いません。

✓ SVGラインを表示するコード

```
<img src="img/line01.svg" class="line">
```

飾りラインの使用例

src属性の「line01.svg」の部分は、お好みのライン画像のファイル名に合わせて変更してください。テンプレート内の「noheader.html」にある使用例の上からline01、line02……のように連番のファイル名になっています。

<img>タグには、中央寄せとレスポンシブ対応のため、「class="line"」を指定してください。特に意味のない飾り画像なので、alt属性を指定する必要はありません。

✔ 色の変更も可能

またSVGファイルは、画像編集ソフトがなくても色を変更することができます。お使いのプログラミング用テキストエディタでSVGファイルを開くと、1行目の最後にカラーコードの指定があります。

```
<svg id="svg_line" （中略） fill="#cccccc">
```

fill属性に好きなカラーコードを記述すると、ラインの色を変更することができます。サイトの雰囲気に合わせて変更してみましょう。

STEP 06 | CSS編集で困ったときは デベロッパーツール

LEARNING

CSSをガッツリ編集したい方にはぜひ使いこなしてほしいのが、パソコン用の各種ブラウザに搭載されているデベロッパーツール。ブラウザ上でCSSを書き換えて、その場でプレビューすることもできる優れものです。

✓ | サイト制作の強い味方、デベロッパーツールを使いこなそう

CSS編集にはトラブルがつきものです。正しく記述しているはずなのに反映されない、思ったようなデザインにならない……。試行錯誤してもどこをどのように直せばよいのかどうしても分からなくて、途方に暮れてしまうのは残念ながらよくあることです。

そんなときには、デベロッパーツールが役に立ちます。これはパソコン向けのGoogle ChromeやFirefox、Microsoft Edgeなどのブラウザに、開発者向けに備え付けられた機能です。主にCSS関連では以下のようなことができます。

・現在閲覧しているページの要素を選択して、どんなCSSが適用されているかを確認できる
・CSSを書き足したり、削除した場合どうなるか、ブラウザ上でプレビューできる
・スマホから見た場合にどんな表示になるかプレビューできる

いかにも便利なツールであることがわかりますよね。CSSをバリバリ編集したい方にとっては、この上なく心強い味方になることは間違いありません。ここではスクリーンショットつきで使い方を解説していくので、CSS編集で壁にぶつかったときには、参考にして使ってみてください。

✔ デベロッパーツールの起動と使い方

デベロッパーツールは、各ブラウザによって細かい仕様は違うものの、起動方法や使い方はほぼ共通しています。各主要ブラウザでのデベロッパーツールの起動方法は次のとおりです。

● Google Chrome
　［F12］キーを入力、または検証したい要素を右クリックして「検証」をクリック

● Firefox
　［F12］キーを入力、または検証したい要素を右クリックして「調査」をクリック

● Microsoft Edge
　［F12］キーを入力、または検証したい要素を右クリックして「開発者ツールで調査する」をクリック

本書では、Google Chromeの画面を使ってデベロッパーツールの見方を解説していきます。

図5-6-01　デベロッパーツールを起動したところ

デベロッパーツールを起動すると、図5-6-01のように画面がいくつかに分割され、HTMLコードやCSSコードが表示されます。これらのコードはダブルクリックすることで、ブラウザ上で編集・プレビューすることができます。もちろん、サイトの元のコードが書き替わったりすることはなく、あくまでブラウザ上でプレビューされるだけです。またデベロッパーツールでは、選択している要素に適用されているスタイル記述が、どのCSSファイルの何行目にあるかを知ることもできます。

試しに、画面右下に表示されているCSSの、body要素のbackground-colorの値を変更してみます。background-colorのプロパティ値をクリックするとテキストを編集できるようになるので、黒を表すカラーコード「#000000」に上書きしてみます。

図5-6-02　デベロッパーツールで背景色の変更をプレビューしています

背景の色が黒に変わりました。このように、軽微なCSSの変更であれば、ブラウザ上ですぐにプレビューすることができるのがデベロッパーツールの強みです。なお、CSSやHTMLに加えた変更はページを再読み込みしたり、別のページへジャンプしたりするとリセットされますので、ご注意ください。

デベロッパーツール表示エリアの左上に2つ並んでいるアイコンのうち、左側のボタンをクリックすると、検証したい要素を選んでターゲットできるようになります。要素を選ぶと、その要素に現在どんなCSSが適用されているかが表示されます。

図5-6-03
検証したい要素にカーソルをあてると適用されているCSSが表示される

SITE NAME

CHAPTER 5
もっと楽しくサイト制作！便利なツールを使ってみよう

右側のモバイルのアイコンをクリックすると、ブラウザのプレビューエリアの大きさを変えることができるようになり、モバイルやタブレットで閲覧した場合のプレビューが可能になります。

☑ 特定の要素を検証してみよう

デベロッパーツールのおおまかな使い方が分かったところで、次は特定の要素を検証する方法を見ていきましょう。

検証したい要素にカーソルを合わせて右クリック→「検証」をクリックするか、デベロッパーツールがすでに立ち上がっている場合は、要素をターゲットするボタンをクリックしてから、検証したい要素をクリックします。

図5-6-04　h3要素を検証しています

<h3>要素を検証対象として選択すると、CSSが表示されている右下のエリアに、現在<h3>要素に適用されているスタイルが表示されました。

打消し線のついている記述もありますが、この打消し線は、CSSの優先度などの関係で、記述はされているけど現在は適用されていないスタイルであることを示しています。

また、検証したい要素を選択するモードになっているとき、要素にカーソルを合わせると、青・緑・橙の3色のハイライトが要素に追加されます。これは、青いエリアが要素そのものの領域、緑のエリアがpadding領域（内側の余白）、橙のエリアがmargin領域（外側の余白）であることを示しています。borderの占める領域は、緑もしくは青のエリアと橙のエリアの境界にあります。

✅ CSSを追加・削除してみよう

CSSが表示されているエリアの適当な余白をクリックすると、新しい行が追加されます。

図5-6-05　新しいプロパティが追加できるようになります

この状態で、プロパティとプロパティ値を入力すると、すぐにブラウザ上で追加した内容が反映されます。
また、既存のCSSの記述にカーソルを合わせると、左側に青いチェックマークが出現します。このチェックマークをクリックして外すと、該当する記述を削除したらどうなるかがプレビューされます。

もっと知りたい！

スマホやタブレットから
サイトを更新する

せっかくサイトを立ち上げて公開しても、仕事や学業、家事、趣味などに追われていると、パソコンの前に腰を据えてのサイト更新作業は、なんだか少しおっくうになるものです。また近年はスマホ・タブレット端末の機能向上やアプリの充実により、イラストや文章などの作品制作をスマホ・タブレットで完結させてしまって、いちいちパソコンを使わない、なんて方も増えてきました。

実は、サイトの更新もスマホやタブレットで完了できてしまいます。わざわざパソコンをつけなくても、空いた時間に携帯端末からサクサク更新作業ができたら、とてもラクですよね。

スマホやタブレットからのサイトの更新には、FTPアップロードツールのついたテキストエディタアプリが便利です。1つのアプリで、HTMLやCSSの編集から、サーバーへのアップロードまでを完結させることができます。OSによって使えるアプリが異なりますので、現在主要なOSであるiPadとAndroidについて、それぞれ見ていきましょう。お気に入りのアプリを見つけて、サイト更新作業に活用してください。

✔ iPadで使える無料のテキストエディタ、LiquidLogic

LiquidLogicは、iOSで無料で使えるテキストエディタです。無料で利用できますが、同時に開けるファイル数の上限が5つまでで、1MBを超える容量のファイルを扱えないという制限があります。月額200円（税込）、年払いで1,000円（税込）を支払えば、この制限は緩和されます。しかしテンプレートからサイトを作る場合、5つ以上のファイルを同時に開くことも、1MBを超える容量のファイルを扱うこともほとんどないので、趣味の範囲で使うなら無料版でも十分です。

◉ LiquidLogicの初期設定

まず最初に、iCloudにLiquidLogic用の作業フォルダを作る必要があります。
LiquidLogicを開いたら、新規のテキストファイルをそのまま保存します。アプリ画面
上の、左上のLiquidLogicアイコンをタップし、Saveで保存します。

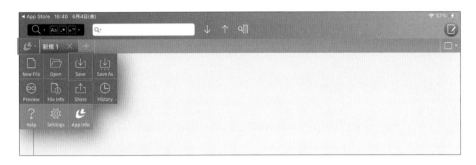

保存先は「iCloud」を選びます。ファイルの名前はそのままで大丈夫です。これで
iCloud上にLiquidLogic用の作業フォルダができました。

保存先に「ローカル」もありますが、このローカルフォルダは、他のアプリ（例えば、
iPad付属のブラウズや画像フォルダなど）との間でファイルをやりとりすることができ
ません。なので、iCloud上に作業フォルダを作るほうが無難です。

サーバーとの間でファイルをやりとりするときは、画面右上のメモ帳のようなアイコンを
タップします。すると、縦にずらりとアイコンが並んで出てくるので、「FTP」をタップ
します。

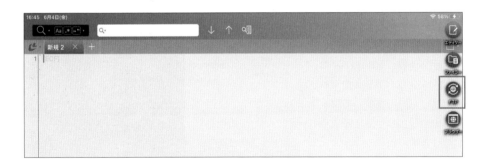

画面が切り替わるので、「FTP/SFTPアカウント追加」をタップし、FTP情報を登録し
ます。

「名前」に適当な名前、「ホスト」にホスト名またはサーバー名、「ユーザー」にユーザー名、
「パスワード」にFTPパスワードを入力すれば、サーバーに接続してファイルのやりとり
ができるようになります。

✔ 多少はお金を出せるなら、Textastic

TextasticはiOSで使える、1,220円（税込）の有料買い切りアプリです。無料版LiquidLogicのように開けるファイル数や容量に制限はないので、多少はお金を出せるからサブスクより買い切って安心して使いたい、という方にオススメ。画面がスッキリしていて、動作もとても軽いです。日本語に対応していないのが少し難点ですが、ファイルの編集からアップロードまでの必要な操作は多くないため、操作を覚えてしまえば問題ありません。

◉ Textasticの初期設定

アプリを開き左上の「Files」をタップすると、サイドバーが開きます。サイドバーの「Add External Folder」をタップしてフォルダを選ぶと、そのフォルダへのショートカットがサイドバーに作成されます。ショートカットができたら、編集したいファイルを開けば編集ができるようになります。

サーバーとファイルをやりとりするには、サイドバー下部にある矢印マークをタップします。
右上の＋マークをタップし、「(S)FTP Connection」を選択すると、FTP設定画面が出てきます。「Title」に適当な名前、「Host」にホスト名またはサーバー名、「User」にユーザー名、「Password」にFTPパスワードを入力すれば、サーバーに接続してファイルのやりとりができるようになります。

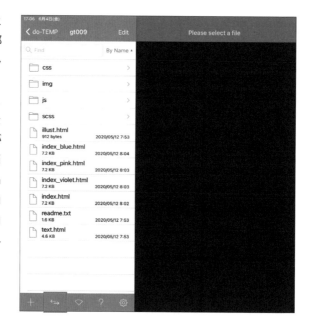

✔ AndroidならQuickEditテキストエディター

QuickEditテキストエディターはAndroid端末で利用できるテキストエディタです。無料版と有料版がありますが、機能に違いはなく、広告の有無が変わるだけです。有料のテキストエディタにしては安価で、HTMLやCSSのプレビュー機能がついている点がとても優秀です。一度無料版を使ってみて、気に入ったら有料版を買うとよいでしょう。

サイト公開まで
あと一歩！

さあ、テンプレートのカスタマイズが終わったら、いよいよサイトを公開しましょう。ワクワクしますね！　でも、少し落ち着いて最後の確認をしてみましょう。ブラウザで問題なく表示できるかはもちろん、ファビコンの設定など、まだできることが残っているかもしれません。しっかりチェックしていきましょう。

STEP

01 | ブラウザで 表示を確認してみよう

LEARNING

編集が終わったファイルをサーバーにアップロードする前に、ブラウザで表示を確認してみましょう。

✓ | 公開の前に、ブラウザで表示をチェックしよう

さて、HTMLとCSSの編集が終わったらいよいよサイトを公開できます。ですがファイルをサーバーへアップロードする前に、必ずローカル（つまり、自分のパソコン上）でブラウザでの表示を確認しておきましょう。

これまでもやっていたように、編集が終わったHTMLファイルを右クリックして、「プログラムから開く」からお使いのブラウザを選択すれば、HTMLをサーバーへアップロードしなくても、各種ブラウザで開いて確認することができますね。

注意が必要なのは、別のHTMLファイルへのリンク先の指定や、CSSの読み込みファイル指定などを、相対パスではなく絶対パスで指定している場合です。この場合、指定している絶対パスにファイルが存在していなければ、当然ながらHTMLのリンク切れが起きたり、CSSが読み込めないといった事態が発生します。絶対パスで指定している場合は、CSSだけ先行してサーバーにアップロードしておくなどの対応をしておきましょう。

ブラウザで表示して表示崩れやリンク切れなどの問題がなければ、いよいよサーバーへアップロードです。

●ブラウザ上で確認しておくことリスト
- ☑ （自分で編集したCSSがあれば）意図どおりの表示になっているか
- ☑ 画像はちゃんと表示されているか
- ☑ リンクはすべて繋がっているか（一度すべてのリンクを自分でクリックしてみるのが望ましい）
- ☑ JavaScriptなどのプログラムを使用している場合、きちんと動作するか

✔ 上書きアップロードは不安。変更前のファイルを残しておきたい……

すでにサーバー上に存在しているファイルに上書きして同名のファイルをアップロードすると、二度と前のファイルに戻すことができません。万が一のことがあったらと、不安に思われる方も多いはずです。

そんなときは、上書き前のファイルのバックアップをとっておきましょう。方法はいくつかあります。

1つは、サーバー会社が提供しているバックアップ機能を利用することです。無料でこの機能がついているところはなかなかありませんが、さくらのレンタルサーバーやリトルサーバーなどの有料サーバーでは、自動バックアップ機能が提供されています。定期的に自動でバックアップをとってくれるので、万が一サイトに不具合が生じても、前の状態に戻すことができます。

もう1つは、自分で変更前のファイルをパソコンにダウンロードして保存しておく方法です。バックアップをとった日の日付を名前につけたフォルダを用意して、そこにサイトを丸ごと、もしくは変更を加えたファイルのみダウンロードしておくとよいでしょう。この方法なら、サーバーの提供しているサービス内容に関わらず実践できますね。

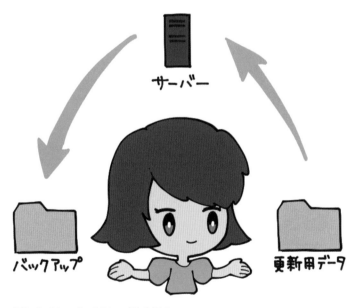

図6-1-01　バックアップは大切！

STEP 02 | 表示が崩れたり、不具合が起きた場合の対処法

LEARNING

編集したHTMLファイルをブラウザで確認したら、表示が崩れてしまった……。大丈夫、原因を見つけてきちんと修正すれば、キレイなサイトに戻ります！起こり得るトラブルの種類と、対応する具体的な対処法を解説します。

✔ サイトの表示が崩れてしまった……どうすればいい？

ファイルの編集を終えて、ドキドキしながらブラウザで確認したら、デザインが崩れていて、なんだか表示がおかしい……。こんなことが起きると、これまでの苦労が水泡に帰したような気持ちになり、がっかりしてしまいます。

どれだけ気を付けて作業してもミスは起こるものです。そして、デザインが崩れている原因を見つけてきちんと修正すれば、必ず正常な表示に戻すことができます。落ち着いてひとつずつ確認していきましょう。

✔ まずはブラウザのキャッシュをクリア

最初に、ブラウザのキャッシュをクリアして再読み込みしてみましょう。前回にブラウザで表示したときに作られたキャッシュが残っていて、最新のファイルが反映されていないという可能性があります。キャッシュクリアの方法はChapter4のSTEP10「CSSが効かないときは」（P.177）で紹介しています。

CSSがまったく読み込まれていない場合

図6-2-01
CSSが読み込まれていないと、こんな雰囲気になります

CSSが読み込まれておらず、HTMLがまったくスタイリングされていない場合は、CSSの読み込みの記述が間違っていないか、リンク先のCSSファイルがきちんと存在しているかを確認してください。

Chapter6のSTEP01「ブラウザで表示を確認してみよう」でも触れたとおり、CSSの読み込みを絶対パスで行っている場合、該当するCSSファイルをサーバー上にアップロードしていなければ、読み込むことはできません。

また、ディレクトリ階層を作ってHTMLファイルを整理している場合は、CSSの相対パスの書き方にも注意が必要です。ディレクトリを遡るようにして、上層にあるファイルの相対パスを記述する必要があります。詳しくは、Chapter3のSTEP08「リンクを貼ろう」（P.093）を参照してください。

✔ ある1箇所より下の部分でデザインが崩れている場合

図6-2-02
テンプレート「BASIC」でのデザイン崩れ。左右の余白がある1箇所から必要以上に大きくなっています

ある特定の場所から下の部分でデザインが崩れてしまっている場合、その部分でHTMLのタグ閉じ忘れが発生しているか、不要な開始タグが紛れ込んでいる可能性があります。

タグを閉じ忘れたり、余分な開始タグがあったりすると、その部分よりも後のコードがすべて、本来は不要なタグの中に入っている扱いになります。そのため、余白が必要以上に大きくなってしまったり、余分なボックスに入っているように見えてしまうなどのデザイン崩れが発生するのです。

このようなデザイン崩れが起きているときは、当該箇所のタグに閉じ忘れがないか、不要な開始タグがないかを、デザインが正常なページとコードをよく見比べながらよく確認しましょう。プログラミング用テキストエディタでは、開始タグを選択すると、対応する閉じタグをハイライトして示してくれる機能があるので、活用してみましょう。

✔ HTMLの誤字脱字にも要注意

単純な誤字脱字にも注意が必要です。HTMLやCSSに限らずプログラミング言語では、たった1文字の誤りがコードを動かなくしてしまうのは普通のことです。タグのスペルミスや、半角と全角の打ち間違い、記号の誤りなどにはよく注意してください。複雑なタグは特に、コピー＆ペーストで済ませられるなら、手打ちせずにコピペでタグを作成するのが無難です。

特に起きやすいミスは、半角スペースと全角スペースの打ち間違いです。タグの中に不要な全角スペースがあると、その部分が動作しなくなる場合があります。ファイル内で全角スペースを検索してみるか、タグが正しく動作していない部分の記述をよく見直してみて、誤字脱字がないか確認してみましょう。

✔ CSSの1部が効いていない場合

まったくスタイリングされていないわけではないけど、どうもCSSが効いていない部分がある……という場合は、Chapter4のSTEP10「CSSが効かないときは」(P.177)を参考に、CSSを修正してみてください。

また、CSSの記述が正しくても、対応するHTMLが誤っていれば、スタイルが適用されない場合があります。タグの記述は正しいか、classやIDは間違っていないか、CSSのセレクタ記述とHTMLタグとが合致しているか、よく確認してみてください。

✔ 必殺技はデベロッパーツール

それでもデザイン崩れの原因が分からないときは、デベロッパーツールを使ってみましょう。

デベロッパーツールを使うと、選んだ要素にどんなCSSが効いていて、どんなCSSが効いていないのかが一目瞭然になります。

デベロッパーツールの使い方は、Chapter5のSTEP06「CSSで困ったときはデベロッパーツール」(P.209) で解説しています。

✅ テンプレートを再解凍して比較するのも手

それでも原因が分からない！　というときは、テンプレートを再解凍し、編集前のファイルと編集済のファイルとを比較するのも手です。

ですが、自分の目だけでひとつひとつタグを比較するのはとても大変です。そこで、コードを比較することができるツールの活用をオススメします。「Mergely」というサイトなら、ブラウザ上で動作するため、インストールやセットアップなどの手間が不要で、手軽に使えます。

● Margery
URL：https://editor.mergely.com/

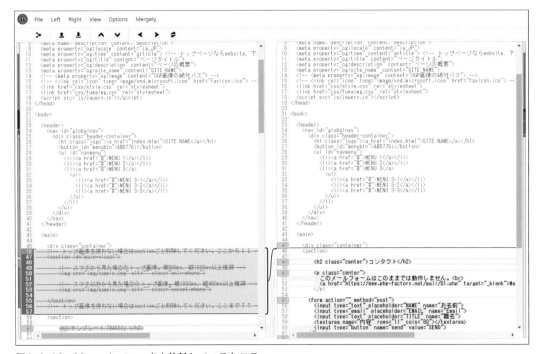

図6-2-03　Mergelyでコードを比較しているところ

サイトを開くと、左右に大きなふたつのテキストボックスが表示されます。左右それぞれに比較したいコードを張り付ければ、どの部分の記述が異なるかをハイライトしてくれるという優れたツールです。

サイト全体の表示が崩れているなら、まずはHTMLファイルすべての記述をコピぺして、元になったテンプレートファイルのすべての記述と比較してみましょう。

サイトの一部の表示が崩れているなら、崩れている部分のコードと、編集元のコードとを比較してみましょう。

LEARNING

ファビコンとは、ブラウザでサイトを見たとき、アドレスバーやタブ等に表示される小さなアイコンのことです。サイトの象徴のようなもので、これを設定することで一気に自分のサイトらしさが増します。

☑ | ファビコンはサイトの顔

ファビコンとは、ブラウザでサイトを閲覧しているときにタブなどに表示される小さなアイコンのことです。

図6-3-01
ファビコンの例

ファビコンは、専用の画像ファイルを用意して、メタタグを<head>タグ内に追記するだけで、カンタンに設定することができます。さっそくチャレンジしてみましょう。

✔ ファビコンを設定するメタタグを記述しよう

ファビコンを設定するメタタグは、以下のように<head>タグ内に記述します。

template/BASIC/index.html

```
01  <link rel="icon" type="image/vnd.microsoft.icon" href="favicon.ico">
```

ファビコンを設定するメタタグ

href属性には、使いたいファビコン画像のパスを記述します。デフォルトでは拡張子
が「.ico」のファイルが指定されています。あまり見慣れない拡張子ですが、「.ico」
ファイルとは、さまざまな大きさの画像が内包されている、アイコン向けの画像ファイ
ルです。またこのメタタグは、ファビコンを表示させたいすべてのHTMLファイルに
記述する必要があります。

本書特典テンプレートを使う場合、すでにこのメタタグがすべてのHTMLファイルの
<head>タグ内に記載されているので、自分で記述する必要はありません。ファビコ
ンのファイルを用意して、所定の場所に設置するだけで設定が完了します。
ただし、ディレクトリを作ってHTMLファイルを整理している場合は、相対パスの書
き方に注意が必要です。もしファビコンの変更の予定がないのであれば、ディレクトリ
ごとに「favicon.ico」を配置してもよいでしょう。

✔ ファビコン用のファイルを用意しよう

次にファビコン用のファイルを用意します。とても小さなアイコンです。細部はつぶれ
てしまうため、描き込みの細かいイラストなどは避けて、シンプルなアイコンや文字な
どにするのが無難でしょう。
ファビコン用のファイル生成には、以下のサイトを利用するとよいでしょう。

● ファビコン favicon.icoを作ろう!
　URL : https://ao-system.net/favicon/

図6-3-02
ファビコン favicon.icoを作ろう!の初期画面

使い方はカンタン。任意の大きさの正方形の画像をアップロードして「favicon.ico
作成」ボタンをクリックするだけです。「16×16」から「48×48」までの画像ファイ
ルをそれぞれ選択できますが、すべて同じファイルを選択してもかまいません。生成ボ
タンをクリックすると、変換された.icoファイルをダウンロードするボタンが出てき
ますので、これをクリックして「favicon.ico」をダウンロードします。
ダウンロードした「favicon.ico」を、href属性に指定したパスに配置すれば、ファ
ビコンが反映されます。ブラウザでHTMLを開いて確認してみましょう。

○4 | Twitterカードの見た目を設定しよう

LEARNING

Twitterでサイトをシェアしたときに、画像付きでリンクが貼られることがあります。これがTwitterカードです。目を引くTwitterカードを設定すれば、アクセス増も見込めるかも。個人サイトでもカンタンに設定することができます。

✓ | Twitterカードとは？

TwitterでサイトのURLをシェアしたとき、サイトによってはアイキャッチ画像つきのリンクが表示される場合があります。このような画像つきリンクのことを、カードと呼びます。

図6-4-01
Twitterカードの例

このようなカードは、HTMLで作成している個人サイトでも、カンタンに設定することができます。大きなカードを表示させることでリンクをクリック・タップさせやすくなりますし、見た目も華やかで目を引きやすくなるため、シェアしたページへの訪問数の増加が期待できます。

✔ カードの設定方法

Twitterカードを設定するには、<head>タグの中にいくつかの<meta>タグを記述します。まずは、Twitterカードの種類を設定しましょう。

本書特典テンプレートでは、Twitterカード用の<meta>タグがコメントとして標準で書き込まれています。例として見てみましょう。※コメントアウトしています。

template/BASIC/index.html

```
01    <meta name="twitter:card" content="summary_large_image">
```

Twitterカードの種類の設定

「content="summary_large_image"」の部分を書き換えると、カードの大きさを変更することができます。「summary」では横に細長い小さめのカード、「summary_large_image」では大きなカードになります。好みのカードを選んでください。

図6-4-02
summaryの小さいカード

図6-4-03
summary_large_imageの大きいカード

次にカードに表示される情報を設定するメタタグを記述します。

template/BASIC/index.html

```
01    <meta property="og:title" content="ページタイトル">
02    <meta property="og:description" content="ページの概要">
03    <meta property="og:image" content="OGP画像の絶対パス">
```

カードに表示する情報を記述するタグ

これらのタグも本書特典テンプレートには標準で入っています。

「ページタイトル」の部分にはそのページのタイトルを、「ページの概要」の部分にはそのページの説明を60文字程度で記述します。「OGP画像の絶対パス」の部分には、カードに表示させたい画像の絶対パス（http://から始まるURL）を記述してください。

なお、画像のサイズは、summaryカードでは300px平方、summary_large_imageでは横1200px、縦630px程度で用意するのがよいでしょう。とはいえ、サイズが多少違っても、Twitter側で画像の中央をトリミングしてくれるので、こだわりがなければだいたいの大きさで構いません。

合計4つのメタタグを<head>内に記述すれば、そのページでTwitterカードを利用する用意が整いました。次は実際の表示を確認してみましょう。

ヒント ！

Twitterカードを表示したいページのすべてのHTMLファイルにメタタグを記述する必要があります。

✔ カードの見た目を確認しよう

Twitterカードの見た目を確認するには、Twitterが公式で提供している「Card Validator」を利用します。

● Card Validator
URL：https://cards-dev.twitter.com/validator

図6-4-04
Card Validatorの画面

左側の「Card URL」と書かれているボックスに、カードの表示を確認したいURLを入力して、「Preview Card」ボタンをクリックするだけです。URLは、「.html」まで入力しましょう。すると、右側にTwitterでURLをシェアしたときのカードの見た目がプレビューされます。

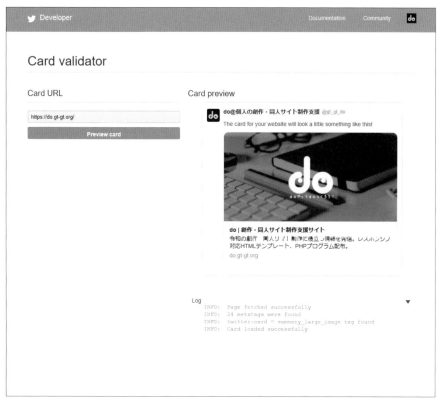

図6-4-05
Card Validatorでカードをプレビューしたところ

カードがきちんとプレビューされれば成功です！
もしもカードがプレビューされない場合は、右下のLogボックスにエラー文が赤い文字で表示されているはずなので、エラー文の内容を確認し、対処しましょう。多くの場合、メタタグが足りていないか、どこかに記述ミスがあって正しく認識されていないことが原因です。

✔ カードの内容を変更したい場合

Twitterカードの設定を変更したい場合は、Card Validatorで再度カードのプレビューを行う必要があります。メタタグの内容を書き換えるだけではカードの内容は変更されませんので、ご注意ください。

STEP

05 | サイトを公開しよう

LEARNING

ファイルの編集が終わったら、サーバーにファイルをすべてアップロードしましょう。サイトがインターネット上に公開されます。実際にアクセスして、デザイン崩れやリンク切れがないか、きちんと確認しましょう。

☑ | いよいよサイトの公開！

ブラウザでの表示が問題ないことを確認したら、ファイルをサーバーにアップロードし、サイトを公開しましょう！

ヒント！

ファイルをサーバーにアップロードするFTPクライアントソフトについては、Chapter1のSTEP06「ウェブサイト作成から公開までの流れ」（P.036）で紹介しています。

☑ 実際に自分のサイトにアクセスしてみよう

アップロードが完了したら、さっそく自分のサイトにアクセスしてみましょう。最初にレンタルサーバーから割り当てられたURLにアクセスすると、作ったサイトが表示されるはずです。これでもう、世界中のどこからでもあなたのサイトへ訪問することができます。

無事にサイトにアクセスできたら、それぞれのページの表示がおかしくないか、リンク切れが起きていないかなど、きちんと確認しましょう。ローカル環境で確認したときは大丈夫でも、サーバーへのアップロードの失敗などの要因で、不具合が起きることもあります。

問題なくサイトを見ることができたら、作業は終了です。お疲れ様でした！ そして、サイト開設おめでとうございます！ 自分だけのサイトという存在は、これからのあなたの創作活動を、きっともっと楽しく実りあるものにしてくれるでしょう。

✔　サイトを更新したいときは

サイトに新しいコンテンツを増やす場合はとってもカンタン。新しいHTMLファイルや画像を用意して、新しくサーバーにアップロードするだけです。

既存のページに修正を加えるときは、修正を加えたHTMLファイルを、サーバーにすでにアップロードされているHTMLファイルに上書きアップロードします。このとき、上書きのデータは完全に消えてしまうので注意してください。念のため前のファイルをとっておきたいという場合は、ファイルを上書きする前にダウンロードしてバックアップをとっておくなどの対応が必要です。

✔　サイト運営を楽しむためのTips

これであなただけのサイトが完成し、全世界に公開されました。しかし、仕事や趣味で忙しい中、サイトをまめに更新するのはカンタンなことではありません。サイト運営をよりよく楽しいものにするため、いくつかの小技を紹介します。実践できそうなことがあれば、取り入れてみてください。

✔　サイト更新のハードルを下げよう

当然ながら、サイト更新に手間がかかれば、更新作業からは自然と遠のいてしまいます。そうならないように、サイト更新のハードルをできるだけ下げてしまいましょう。

例えば、タブレット端末をお持ちの方なら、Chapter5のコラム「タブレットからサイトを更新する」(P.214)を参考に、PCを立ち上げなくてもタブレットからサイトを更新できるような環境を整えて、スキマ時間にサクサクとサイトを更新できるようにしてもよいでしょう。

✔　SNSを駆使し、訪問者を増やそう

せっかくサイトを立ち上げても、訪問者が少ないとモチベーションも上がりづらくなるものです。PixivやTwitter、その他作品投稿サイトやSNSなどを使っている方は、プロフィールにサイトのURLを設定しておくなど、サイトへの入り口をできるだけ増やすことで、訪問者の増加が見込めます。またTwitterでは、サイトの更新を宣伝しても、見ている人の興味を引くことができるかもしれません。

Twitterでサイト更新の宣伝を行う場合、Twitterカードを設定しておくと、ツイートを見た人の興味を引きやすくなり、アクセス増加が見込めます。

✔ 訪問者との交流手段を取り入れよう

特にサイトを開設したばかりのころは、公開しているコンテンツへの反応がなくて、見てくれている人がいるかどうかもよくわからない……なんてことになりやすいものです。こうした状況も、サイトを運営するモチベーションが削れてしまう原因になります。そんなときには、訪問者との交流手段を取り入れてもよいでしょう。

私が運営しているテンプレート配布サイトでは、個人サイト向けに開発した交流ツールを無料配布しています。1ページに1つ設置できて、ひとり1回クリックできる「いいねボタン」と、短いメッセージを送信できるひとことフォーム「コイブミ」です。PHPの知識のない人でもカンタンに設置できる仕様になっていますので、興味があればぜひ見てみてください。

なお、いずれのプログラムも、PHPが利用できるサーバーでなければ利用できません。ご注意ください。

- ●「いいねボタン」配布ページ
  URL : https://do.gt-gt.org/product/iine/
- ● ひとことフォーム「コイブミ」配布ページ
  URL : https://do.gt-gt.org/product/koibumi/

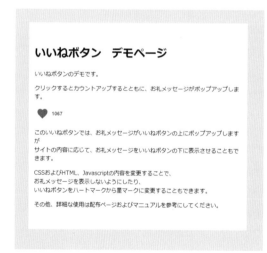

図6-5-01
いいねボタン　デモ

図6-5-02
ひとことフォーム「コイブミ」　デモ

06 | 安全にサイトを運営するために

LEARNING

インターネット上に公開されたサイトにはだれでもアクセスできますが、それゆえにトラブルが起きる場合もあります。楽しく安全にサイトを運営するために、考えうるトラブルとその対処法について考えてみましょう。

✓ トラブルを避けるためにできることは？

一度公開したウェブサイトには、基本的にはだれでも気軽にアクセスすることができます。それ自体はとてもすばらしいことですが、だれでもアクセスできてしまうことが原因で、トラブルに繋がるケースも存在します。

起こり得るトラブルのすべてを防ぐことは難しいですが、対策を講じることである程度であれば防ぐことができます。ここでは、サイトを運営するうえでのトラブル防止方法を紹介します。

✓ センシティブなコンテンツの扱いには、細心の注意を

成人向けコンテンツに代表されるような、見る人を選ぶようなコンテンツの扱いには注意が必要です。特に今の時代は、外出中でもスマホからウェブサイトにアクセスすることができます。例えば、電車の中など他人の目がある場所でウェブサイトを見ているときに、突然成人向けマンガの広告が表示されたらとても驚くし、焦りますよね。そういうことのないよう、注意書きを添えたワンクッションページを置くなどして、配慮をしておくとよいでしょう。

どこからがセンシティブなのかの線引きは人にもよるので難しいですが、微妙かな？
と感じたら、念のため対策をしておく、という意識でいれば、トラブルを回避しやすい
でしょう。

また、センシティブなコンテンツの展示が多いサイトでは、サイトの入り口（つまり、
index.html）をワンクッションページにして、注意書きをするのもよいですね。

✔ 検索避けは令和の時代も強い味方

「検索避け」という言葉、過去に同人サイトを作ったことのある人なら聞いたことがあ
ると思います。Googleなどの検索エンジンの検索結果に、自分のサイトが掲載されな
いようにすることです。

検索避けは、主に二次創作を取り扱うサイトにおいて行われていました。二次創作とは
つまり、他者（他社）に版権のある既存のマンガ、小説、アニメ、ゲーム、映画などの
作品のキャラクターや世界観をもとに作品を作ることです。

二次創作サイトにおいて検索避けが行われる理由はさまざまです。二次創作を知らない、
または興味のないファンが、誤って検索結果から同人サイトに迷い込んでしまうことを
防ぐほか、版元や原作者に見られてしまうことを防ぐなどの目的があります。

ヒント ！

二次創作はそもそも、著作権法と照らすとグレーゾーンであるという見解が多数あるため、念
のためにこうした対策を取る方が多いようです。※ 作品によって、また、著者や出版社によっ
て、二次創作についての考え方は異なります。本書は二次創作の活動そのものを後押しする
ものではありません。

さて、検索避けを実施する方法ですが、<head>タグ内に、次のようなメタタグを記
述すればOKです。検索結果に表示したくないすべてのページのHTMLに記述してく
ださい。

検索避けのタグ

```
01   <meta name="robots" content="noindex,nofollow,noarchive,noimageindex">
```

このタグは、検索エンジンからやってきたクロールロボットに対して「このページの内
容を検索エンジンには登録しないでください」とお願いするものです。

実はこの検索避けタグ、令和の時代だからこそ嬉しい効果も発揮してくれます。それは
ズバリ、画像検索に画像を掲載されることを防いでくれるというものです。

Twitterで「自作のオリジナルイラストあるいは二次創作イラストが、知らないところで勝手にグッズにプリントされて販売されていた！」などの注意喚起ツイートが拡散されているのを見たことがあるでしょうか。そんなことが自分の作品で起こったら……なんて考えるととても怖いですよね。

検索エンジンの機能が向上した今、画像検索を使えば、特定のキーワードに紐づけてたくさんの画像を見つけることができます。自分のイラストが知らないところで使用されることを防ぐ意味でも、検索避けを実施することをオススメします。
検索結果にサイトを載せてほしいけど、画像検索に画像が掲載されることだけは防ぎたい場合は、以下の「noindex,nofollow,noarchive,」の部分を削除した、以下のメタタグを使うとよいでしょう。

画像検索避けのタグ

```
01   <meta name="robots" content="noimageindex">
```

✔ ときにはブロック機能やアクセス拒否機能も活用して

とてもまれなケースではありますが、サイトに設置したメールフォームなどを通じて、訪問者から悪意のあるメッセージが送信されることもあります。このようなメッセージは、たとえ送信者にとってはちょっとしたいたずらだったとしても、受け取る側にとっては気持ちのよいものではありません。

もしもそんなことが起こったら、ブロック機能やアクセス拒否機能を活用しましょう。メールフォームのプログラムにブロック機能がついている場合もありますし、サーバーの設定でアクセス拒否ができることもあります。これらの機能はたいていの場合、IPアドレス（123.456.7.8のような数字列で、パソコンやスマホなどの端末ごとに割り振られるもの）を使って送信元を特定しています。メールフォームなどでメッセージを送信する場合、IPアドレスが記録されている場合が多いので、受信したメールやメッセージにIPアドレスの記載がないか、確認してみてください。
またサーバーのアクセス拒否設定のしかたは、レンタルサーバーによって異なりますので、お使いのサーバーの説明をご確認ください。

本書の特典テンプレート

本書では特典として、最新のトレンドに則ったいまどきで使いやすい3種類のテンプレート
を用意しています。フォルダの中身やそれぞれのテンプレートについて紹介します。

◉ テンプレートの中身

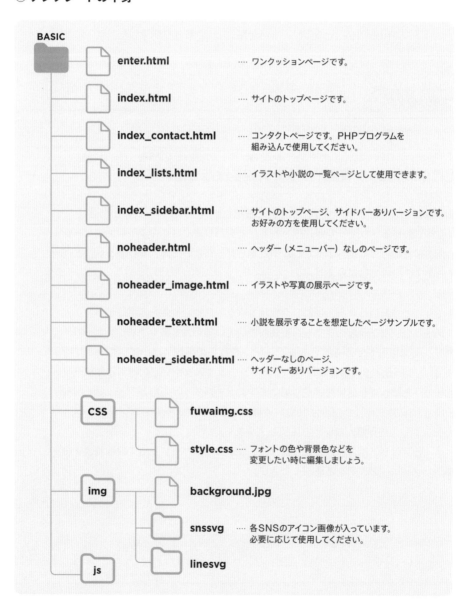

BASIC

- enter.html …… ワンクッションページです。
- index.html …… サイトのトップページです。
- index_contact.html …… コンタクトページです。PHPプログラムを組み込んで使用してください。
- index_lists.html …… イラストや小説の一覧ページとして使用できます。
- index_sidebar.html …… サイトのトップページ、サイドバーありバージョンです。お好みの方を使用してください。
- noheader.html …… ヘッダー（メニューバー）なしのページです。
- noheader_image.html …… イラストや写真の展示ページです。
- noheader_text.html …… 小説を展示することを想定したページサンプルです。
- noheader_sidebar.html …… ヘッダーなしのページ、サイドバーありバージョンです。

CSS
- fuwaimg.css
- style.css …… フォントの色や背景色などを変更したい時に編集しましょう。

img
- background.jpg
- snssvg …… 各SNSのアイコン画像が入っています。必要に応じて使用してください。
- linesvg

js

◉ CSSのカスタマイズ検索番号

「style.css」の中のカスタマイズ需要が高そうな箇所には、コメントで「※000」のように3ケタの番号を割り振っています。

それぞれの番号でファイル内検索することで、カスタマイズしたい箇所にジャンプすることができます。ぜひご活用ください。

001	背景色の変更	**007**	メニューバーのスクロール追従の可否変更
002	文字色の変更	**008**	ヘッダーバーのサイトタイトル色およびサイトタイトルホバー色（2か所）
003	基本フォントの変更	**009**	ヘッダーバーのメニューのホバー色
004	背景を画像で覆いたい場合のCSSサンプル	**010**	小説展示用ブロックの段落の行間および字間
005	リンク色およびリンクホバー色（2か所）	**011**	メインビジュアル画像の設定（3か所）
006	リンクボタン色およびリンクボタンホバー色（2か所）	**012**	フッターエリアの背景色と文字色

☑ BASIC

「BASIC」は、名前の通り、もっともベーシックなデザインのテンプレートです。

「index.html」ページ

☑ 各ページについて

ここではテンプレート「BASIC」から「enter.html」「index.html」「index_lists.html」を説明していきます。他のテンプレート「CUTE」と「ELEGANT」も書き換えが必要となる場所は同じなので、編集する際は参考にしてください。

◉「enter.html」ページ

ヒント ！

サイトへの訪問者に、サイトの概要などを説明するためのワンクッションページです。
成人向けコンテンツや特定のジャンルの作品を扱っているときは、ここで訪問者にコンテンツの説明をしてあげるとよいでしょう。

主に書き換えが必要な場所

サイト名を変更

```
01    <h1>SITE NAME</h1>
02        <p class="center">説明テキスト。説明テキスト。<br>説明テキス
03        ト。説明テキスト。説明テキスト。説明テキスト。説明テキスト。
04        </p>
```

サイトの説明テキストを
書き換えて使用してください

◉「index.html」ページ

ヒント ！

ウェブサイトのトップページです。作品展示ページや、コンタクトフォームのページなど、スムーズにアクセスできるよう、リンクを貼っていきましょう。

主に書き換えが必要な場所① サイト名を変更

```
01    <h1 class="logo"><a href="index.html">SITE NAME</a>
02    </h1>
```

サイト名を変更

ヒント !

プログラミング用テキストエディタの「ファイルを横断して置換」機能を利用して「SITE NAME」をあなたのサイト名に置換すれば、必要な箇所を一括で書き換えることができます。

主に書き換えが必要な場所② トップの表示画像を変更

```
01    <!-- スマホから見た場合のトップ画像。横500px、縦1000px以上推奨 -->
02    <img src="img/sample.jpg" alt="" class="only-phone">
03    <!-- スマホ以外から見た場合のトップ画像。横1000px、縦400px以上推奨 -->
04    <img src="img/sample.jpg" alt="" class="except-phone">
```

主に書き換えが必要な場所③ プロフィールを変更

```
01    <h4>MY NAME</h4>
02    <p>
03    ここにプロフィール等を書きます。<br>
04    テキストテキストテキスト。テキストテキストテキスト。
05    </p>
06      <p>
07      各種SNS等へのリンクは以下のリストを活用してください。<br>
08      リンクを使用しないSNSは、liタグごと削除してください。<br>
09      SVGアイコンの色は変更しないでください。
10      </p>
```

ヒント !

「index.html」のプロフィールの下には、各種SNSのSVG画像のリンクを用意しています。自分のSNS情報をここで集約しましょう!

APPENDIX

本書の特典テンプレート

◉「index_lists.html」ページ

ヒント！

作品の一覧ページです。イラストなどの画像は、fuwaimgが設定されているので、クリックすると浮き上がって表示される仕組みになっています。

イラストのみ掲載したい人は、「小説一覧サンプル」のセクションを、小説のみ掲載したい人は「イラスト一覧サンプル」のセクションを削除して使用しましょう

主に書き換えが必要な場所

クリック後（大きく見せる）イラストをhrefに指定します

```
01    <h2>イラスト一覧サンプル</h2>
02      <ul class="illust">
03        <li><a href="img/sample.jpg" class="fuwaimg" data-
04        fcaption="キャプション">
05        <img src="img/sum-md.jpg" alt="サンプル画像"></a></li>
```

一覧に表示（小さく表示される）するイラストをsrcに指定します

※ hrefと同じものを指定しても問題ありませんが、縦250px、横250pxでリスト用の画像を用意するのもよいでしょう。

☑ CUTE

角がとれてちまっとしたデザインのテンプレート。他のテンプレートに比べてコンテンツ部分の幅が狭く、文字もやや小さめで、可愛らしい印象です。

こんなひとにオススメ !

● かわいい雰囲気が好きな人
● やわらかい印象を出したい人

☑ ELEGANT

タイトルロゴとメニューが縦並びで、少し優雅・落ち着いた印象を与えるレイアウトのテンプレートです。

こんなひとにオススメ !

● 硬派な雰囲気が好きな人
● 小説サイトにオススメ

テンプレートで楽しくカスタマイズ！

本書のテンプレートはアレンジOK。背景やフォントの色を変えるだけでもこんなに雰囲気が違って見えるんです。

☑ カスタマイズ例

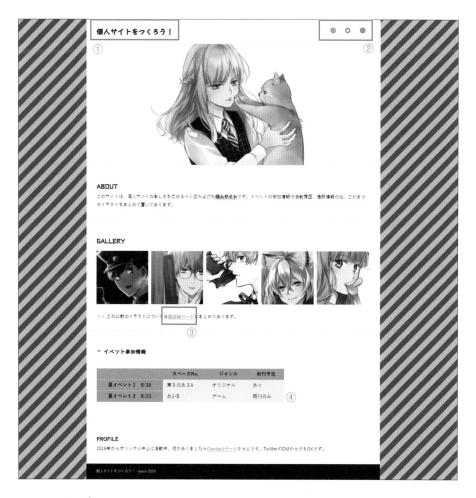

①フォントを変更

サイト名や見出しのフォント名をGoogle fontsを使って変更（P.153参照）。フォントが違うだけで雰囲気も変わります。

②グローバルメニューを変更

展示物がまだそこまで多くないという場合は、各SNSへのリンクをグローバルメニューに配置。各アイコンはテンプレートに付属しているので、是非活用してください。

template/BASIC/index.html

```
01      <ul id="navmenu">
02          <li><a href="https://www.pixiv.net/xxxxxxxx/"
03          target="_blank"><img src="img/snssvg/icon_pixiv.
04          svg"></a></li>
05              :
06      </ul>
```

③メインコンテンツはスッキリまとめて

トップページにはいつも最新のイラストのみ5点を表示。それより古くなったイラストは「過去絵ページ」に移動。リンクのスタイルも背景の色に合うように変更しました。

template/BASIC/index.html

```
01   <p>>> これ以前のイラストについては<a href="illust.html"><span
02   class="marker2">過去絵ページ</span></a>にまとめてあります。</p>
```

template/BASIC/css/style.css

```
01   a {
02   /* ※005 - リンク色↓ */
03   color: #86bdc4;
04   }
05
06   .marker2 {
07   background: -webkit-gradient(linear, left top, left
08   bottom, color-stop(60%, transparent), color-stop(60%,
09   #E2C7C5));
10   background: linear-gradient(transparent 90%, #E2C7C5 90%);
11   font-weight: bold;
12   }
```

④見て欲しいコンテンツはトップページに集約

イベント参加情報やお仕事情報など、見て欲しいコンテンツはトップページに置いておきましょう。

知っておくと便利！
HTML&CSSにまつわる用語集

サーバーを借りたり、HTMLやCSSについて勉強したり、サイト制作準備をするにあたって、よく見る用語について解説します。

用　語	解　説
埋め込み	Twitter、YouTube、Googleマップなどの外部サイトのコンテンツを、自分のサイトにそのまま表示させること。埋め込み用のコードは、公式サイトの共有ボタンから取得できることが多いです。
えすいーおー SEO	Search Engine Optimizationの略語で、「検索エンジン最適化」という意味。あるキーワードで検索されたときに、ウェブサイトが検索の上位に表示されるように対策すること。企業サイトなどではSEO対策をして、自社サイトができるだけ検索上位にくるようにするのが当たり前ですが、個人の趣味サイトでは検索エンジンからのアクセスはそれほど重要ではない場合が多く、SEO対策をする必要は特にありません。
えすえすえる SSL	Secure Sockets Layerの略称。ウェブ上で個人情報やクレジットカード情報などの重要な情報をやり取りする際に、データの漏洩や改ざんを防ぐため、通信を暗号化する仕組みのこと。SSLが導入されたサーバーでは、アドレスの最初が「http://」から「https://」に変化します。無料サーバーでは使えるところはほぼありませんが、有料サーバーでは追加料金なしで使えることが多いです。 個人サイトにおいては、訪問者の本名、住所などの個人情報をやりとりすることがない限り、必ずしもSSLを導入する必要はありません。
拡張子	ファイルの種類を識別するために、ファイル名の右側につく「.」で区切られた文字列のこと。テキストファイルなら「.txt」、HTMLファイルなら「.html」、CSSファイルなら「.css」となります。テキストエディタでHTMLファイルを作成したのに、ブラウザで表示されないという場合、拡張子が「.txt」で保存されているというミスが多いです。

カラム落ち	ウェブサイトに表示しているコンテンツが、ブラウザの表示幅よりも大きくなった場合、一部のコンテンツのみが下に表示されてしまうレイアウトの崩れをカラム落ちといいます。レスポンシブデザイン対応のため、スマホなどでウェブサイトを表示した際にあえてカラム落ちさせることもあります。
Google Analytics （ぐーぐる あなりてぃくす）	Google社が提供するアクセス解析ツール。サイトの訪問者や閲覧数などのデータを閲覧することができます。
グローバルメニュー	ウェブサイトのすべてのページに共通して表示されている案内メニューのことです。ヘッダー部分に表示されるのが一般的で、本書特典テンプレートでもヘッダーの中にグローバルメニューを配置しています。主要なページのリンクを貼ることで、閲覧者が迷わずメインコンテンツにたどり着けることなどを目的とします。
コーディング	プログラミング言語を用いてプログラムを書くこと。HTMLやCSSを書くこと。コーダーは、プログラムを書く人を指します。
サムネイル	コンテンツの見本となる小さな画像のこと。ウェブサイトにおいては、サムネイル画像をクリックすると、コンテンツそのものにアクセスできることが多いです。
ディスク容量	レンタルサーバーで、どれだけの容量のファイルをサーバーにアップロードできるか。テキストコンテンツが中心のサイトなら気にしなくてもよいですが、画像コンテンツがメインのサイトで、展示したい画像が大量にある場合は、必要な容量を計算してみることをオススメします。
転送量	レンタルサーバーで、一日あたりどれくらいの量のファイルを送信できるか。ディスク容量と混同しやすいので注意。規模が大きく、アクセス数の多いサイトを運営するわけでなければ、サーバー選びの上で特に気にする必要はありません。
.htaccess （どっと えいちてぃ あくせす）	サーバーの動作を制御するためのファイル。テキストファイルに.htaccessという名前を付け、必要なことを記述してサーバー上にアップロードすることで動作します。サイトにパスワードをつけたり、IPアドレスを指定してアクセスを拒否したりすることができます。

ドメイン	それぞれのウェブサイトが持っている、サイトアドレスに使われる文字列のこと。例えば、Googleのサイトアドレスは「https://www.google.com/」ですが、ドメインは「google.com」にあたります。インターネット上の住所と言い換えることもできます。 レンタルサーバーによって使えるドメインが違うので、サーバー選びのときには好みのドメインを使えるかどうかを基準のひとつにしてもよいでしょう。 また、レンタルサーバーとは別に、自分だけが使える「独自ドメイン」を取得するサービスもあります。サーバーと同様、初期費用や月額・年額の使用料がかかりますが、アドレスまでこだわりたい方にオススメ。
要素	HTMLにおいて、開始タグと終了タグに囲まれたひとかたまりのこと。 また、要素の中に別の要素が入っている場合、外側にある要素を「親要素」、内側にある要素を「子要素」といいます。さらに、ひとつの要素から見て、共通の親要素に入っている別の要素のことを「兄弟要素」といいます。  親要素、子要素、兄弟要素の関係

あとがき

　2000年代ごろ、インターネットが今ほど発達しておらず、SNSという存在がまだ創作界隈では大きくなかった時代に、創作者のネット上での交流は、個人サイト上で行われるのが主流でした。

　創作者たちは、インターネットという全世界に開かれた場所に自慢の作品を発表する場を設けるため、HTMLを勉強し、ホームページ制作ソフトを駆使して、自分だけの城を築き上げました。

　しかし当時は、Twitterのようにだれもが同士を見つけて気軽に繋がれるSNSのようなものはありません。そこで、個人サイトたちを繋ぐべく有志の手によって立ち上げられたのが、特定の作品ジャンルやキャラクター等に特化した「登録型サーチエンジン」や、名簿に登録したり自分のサイトにバナーを貼ったりすることで参加を表明できる「同盟」と呼ばれる参加型サイトたちでした。

　果てしなく広いインターネットの海で出会った創作者たちは、あるときは掲示板で、あるときはWeb拍手で、あるときはお絵かきチャットで交流しました。友好の証にお互いのサイトへのリンクを貼り、いわゆる「相互リンク」として自分のサイトの訪問者に紹介するのは、創作系サイトではよく見られる光景でした。

　そんな創作者たちのネット上での活動を後押しすべく、創作・同人サイトに向けたフリー素材サイトやHTMLテンプレート配布サイトが、知識と技術のある人たちによって次々と立ち上げられました。また、JavaScriptやPHP、Perlなどのプログラムもさまざまなものが配布されました。個人サイトの表現の幅は広がり、さらなる盛り上がりを見せてゆきました。

　しかし2010年代ごろには、PixivやTwitterなどのSNSがユーザー数を増やしていきます。わざわざHTMLを勉強しなくても、メールアドレスさえあれば登録できて、作品もカンタンに公開できて、気になる人をボタンひとつで「フォロー」して追いかけることのできるSNSは、みるみるうちに創作者たちに広まり、とても大きくにぎやかな交流の輪を築いていきました。

　開設や更新に手間、知識そして時間が必要な個人サイトは、台頭するSNSに押されるかのように、徐々に姿を消していきました。素材サイトやテンプレート配布サイト、プログラム配布サイトも少しずつ更新がまばらになり、今ではレスポンシブ対応や最新PHPバージョン対応などの、現在のウェブ制作事情に対応しているサイトは多くありません。最新のウェブ事情に合った創作系サイトを作るための手段は、昔に比べれば少なくなったでしょう。

では、個人サイトを持つことは、もはや時代遅れなのでしょうか？　決してそんなことはありません。

　個人サイトは財産です。SNSと違って突然サービスを終了することはありませんし（レンタルサーバーのサービスは終了するかもしれませんが、別のサーバーへ移行すれば問題なしです）、突然UIや仕様が変更されて困惑させられることもありません。PHPが使えるサーバーなら、配布プログラムを借りて、さまざまな機能を追加することもできます。何よりも、手塩にかけて制作し、育てた自分だけの城は、とても愛しく感じられるものです。それに、インターネットを通じて何かすることが当たり前の今、自分だけのサイトを作ることで身に付けたサイト制作やHTML、CSSの知識は、思いがけないところで役立つでしょう。

　今でもたまにSNS上では「古の個人サイト」などと称して、2000 ～ 2010年代の「個人サイトあるある」ネタが盛り上がっているところを見かけます。その内容はほとんどが「黒歴史」つまり、自虐を含むようなものです。確かに、創作系の個人サイトは昔に比べれば数は少なく、SNSで活動している人たちに比べれば目立たないかもしれません。けれど、そうしてSNSでたびたび話題になるということは、裏を返せば「あのころはあのころで、楽しかったよね」という、強い記憶が残っているということだとも捉えられます。

　今は、あのころとは違ってレンタルサーバーのサービスも充実しています。ウェブサイト制作やデザインの事情が変わって、昔よりもスタイリッシュでオシャレなデザインが実現できるようになりました。テンプレート配布サイトだって、数は少なくなりましたが、素敵なサイトが今も個人サイトのよさを広めるべく、精力的に活動しています。

　登録型サーチエンジンや同盟は、活発に動いているものはほとんどありませんが、代わりにSNSを駆使すればよいでしょう。他の創作者とつながって交流するための手段は、昔よりもはるかに多いはずです。

SNSにはSNSのよさがあるように、個人サイトには個人サイトのよさがあります。今このあとがきを読んでいるあなたは、それが分かっているからこそ、この本を開いたのではないでしょうか。

　もしもあなたが、この本を読んで無事にサイト開設を迎えた方か、すでに自分のサイトを持っている方なら、どうかこれからもサイト運営を楽しんでください。そして、困ったことがあれば、何度でもこの本を読み直し、検索エンジンに頼ってください。サイトを持っている、もしくは持っていたけど作り直したいという方なら、ぜひこの本を参考に、再挑戦してみてください。今の時代に合った、新しい城を一緒に作りましょう。

　まだサイトを作ったことがない方なら、ぜひチャレンジしてみてください。試行錯誤しながら自分だけの城を作るのは、何にも代えがたい楽しさがありますよ。

　本書があなたの「建城チャレンジ」をサポートできていたら幸いです。

2021.8 ガタガタ

doやってdoつくろう?

https://do.gt-gt.org/

INDEX

INDEX

PROFILE
ガタガタ

幼いころから漫画、ゲーム、小説、お絵かきが好き。
インターネット黎明期のころより有料サーバーを借り、
自分のサイトを持って作品発表の場を作っていた。創
作者の作品発表・交流のきっかけになることを願い、
2019年に創作・同人サイトの製作を支援するサイト
「do」(https://do.gt-gt.org/) をたちあげる。最新の
Webトレンドに沿ったHTMLテンプレート・プログラ
ム配布のほか、サーバーの借り方からHTML/CSS編集
まで、初心者にもわかるようにやさしく解説している。

SPECIAL THANKS
秋月 壱葉
漫画家。サイト内掲載イラスト提供。
『月刊アクション』(双葉社) にて『京都寺町三条のホー
ムズ』を連載中。
http://sinogu.moo.jp/
※サイト内で使用しているイラストは本書掲載用に提供して
　いただいたものです。イラストを素材として使用することは
　認められません。

STAFF

ブックデザイン：霜崎 綾子
DTP：大西 恭子
本文イラスト：ガタガタ
サイト内掲載イラスト：秋月 壱葉
編集担当：古田 由香里

個人サイトを作ろう！

テンプレートですぐできる！ すぐに身につく！
HTML&CSS

2021年8月24日　初版第1刷発行

著者　　ガタガタ
発行者　滝口 直樹
発行所　株式会社マイナビ出版
　　　　〒101-0003　東京都千代田区一ツ橋2-6-3　一ツ橋ビル 2F
　　　　TEL：0480-38-6872（注文専用ダイヤル）
　　　　TEL：03-3556-2731（販売）
　　　　TEL：03-3556-2736（編集）
　　　　E-Mail：pc-books@mynavi.jp
　　　　URL：https://book.mynavi.jp

印刷・製本　シナノ印刷株式会社

©2021 ガタガタ, Printed in Japan
ISBN：978-4-8399-7600-2